AF367933

EXERCICES
DE CALCUL

SUR

LES QUATRE OPÉRATIONS FONDAMENTALES

DE L'ARITHMÉTIQUE

Par F. P. B.

LIVRE DU MAÎTRE

CHEZ LES ÉDITEURS

TOURS | PARIS

ALFRED MAME ET FILS | **POUSSIELGUE FRÈRES**
Imprimeurs-Libraires | Rue Cassette, 27

1877

Tout Exemplaire qui ne sera pas revêtu des trois signatures ci-dessous, sera réputé contrefait.

Les Éditeurs,

EXERCICES SUR LA NUMÉRATION

1er EXERCICE. — LES DIX CHIFFRES

0	1	2	3	4	5	6	7	8	9
zéro	un	deux	trois	quatre	cinq	six	sept	huit	neuf

2e EXERCICE. — DE DIX A VINGT

10 Dix	14 Quatorze	18 Dix-huit
11 Onze	15 Quinze	19 Dix-neuf
12 Douze	16 Seize	20 Vingt
13 Treize	17 Dix-sept	

3e EXERCICE. — LES DIZAINES

10 Dix	40 Quarante	70 Soixante-dix
20 Vingt	50 Cinquante	80 Quatre-vingts
30 Trente	60 Soixante	90 Quatre-vingt-dix

4e EXERCICE. — TOUS LES NOMBRES DE 2 CHIFFRES

10 Dix	40 Quarante	70 Soixante-dix
11 Onze	41 Quarante et un	71 Soixante et onze
12 Douze	42 Quarante-deux	72 Soixante-douze
13 Treize	43 Quarante-trois	73 Soixante-treize
14 Quatorze	44 Quarante-quatre	74 Soixante-quatorze
15 Quinze	45 Quarante-cinq	75 Soixante-quinze
16 Seize	46 Quarante-six	76 Soixante-seize
17 Dix-sept	47 Quarante-sept	77 Soixante-dix-sept
18 Dix-huit	48 Quarante-huit	78 Soixante-dix-huit
19 Dix-neuf	49 Quarante-neuf	79 Soixante-dix-neuf
20 Vingt	50 Cinquante	80 Quatre-vingts
21 Vingt et un	51 Cinquante et un	81 Quatre-vingt-un
22 Vingt-deux	52 Cinquante-deux	82 Quatre-vingt-deux
23 Vingt-trois	53 Cinquante-trois	83 Quatre-vingt-trois
24 Vingt-quatre	54 Cinquante-quatre	84 Quatre-vingt-quatre
25 Vingt-cinq	55 Cinquante-cinq	85 Quatre-vingt-cinq
26 Vingt-six	56 Cinquante-six	86 Quatre-vingt-six
27 Vingt-sept	57 Cinquante-sept	87 Quatre-vingt-sept
28 Vingt-huit	58 Cinquante-huit	88 Quatre-vingt-huit
29 Vingt-neuf	59 Cinquante-neuf	89 Quatre-vingt-neuf
30 Trente	60 Soixante	90 Quatre-vingt-dix
31 Trente et un	61 Soixante et un	91 Quatre-vingt-onze
32 Trente-deux	62 Soixante-deux	92 Quatre-vingt-douze
33 Trente-trois	63 Soixante-trois	93 Quatre-vingt-treize
34 Trente-quatre	64 Soixante-quatre	94 Quatre-vingt-quatorze
35 Trente-cinq	65 Soixante-cinq	95 Quatre-vingt-quinze
36 Trente-six	66 Soixante-six	96 Quatre-vingt-seize
37 Trente-sept	67 Soixante-sept	97 Quatre-vingt-dix-sept
38 Trente-huit	68 Soixante-huit	98 Quatre-vingt-dix-huit
39 Trente-neuf	69 Soixante-neuf	99 Quatre-vingt-dix-neuf

NOMBRES DE 3 CHIFFRES

100 Cent	333 Trois cent trente-trois
101 Cent un	244 Deux cent quarante-quatre
102 Cent deux	745 Sept cent quarante-cinq
103 Cent trois	656 Six cent cinquante-six
104 Cent quatre	457 Quatre cent cinquante-sept
105 Cent cinq	968 Neuf cent soixante-huit
106 Cent six	269 Deux cent soixante-neuf
107 Cent sept	170 Cent soixante-dix
108 Cent huit	571 Cinq cent soixante et onze
109 Cent neuf	272 Deux cent soixante-douze
110 Cent dix	773 Sept cent soixante-treize
211 Deux cent onze	474 Quatre cent soixante-quatorze
312 Trois cent douze	875 Huit cent soixante-quinze
413 Quatre cent treize	880 Huit cent quatre-vingts
514 Cinq cent quatorze	381 Trois cent quatre-vingt-un
615 Six cent quinze	189 Cent quatre-vingt-neuf
716 Sept cent seize	990 Neuf cent quatre-vingt-dix
817 Huit cent dix-sept	591 Cinq cent quatre-vingt-onze
918 Neuf cent dix-huit	996 Neuf cent quatre-vingt-seize
119 Cent dix-neuf	797 Sept cent quatre-vingt-dix-sept
820 Huit cent vingt	198 Cent quatre-vingt-dix-huit
121 Cent vingt et un	999 Neuf cent quatre-vingt-dix-neuf
432 Quatre cent trente-deux	

NOMBRES DE 4 A 12 CHIFFRES

2.005 Deux *mille* cinq *unités*

4.024 Quatre *mille* vingt-quatre *unités*

10.007 Dix *mille* sept *unités*

24.019 Vingt-quatre *mille* dix-neuf *unités*

300.027 Trois cent *mille* vingt-sept *unités*

504.204 Cinq cent quatre *mille* deux cent quatre *unités*

2.000.009 Deux *millions* neuf *unités*

3.004.207 Trois *millions* quatre *mille* deux cent sept *unités*

10.005.195 Dix *millions* cinq *mille* cent quatre-vingt-quinze *unités*

35.045.110 Trente-cinq *millions* quarante-cinq *mille* cent dix *unités*

300.010.060 Trois cent *millions* dix *mille* soixante *unités*

406.009.056 Quatre cent six *millions* neuf *mille* cinquante-six *unités*

4.075.109.346 Quatre *billions* ou *milliards* soixante-quinze *millions* cent neuf *mille* trois cent quarante-six *unités*

24.017.000.245 Vingt-quatre *billions* dix-sept *millions* deux cent quarante-cinq *unités*

150.015.145.307 Cent cinquante *billions* quinze *millions* cent quarante-cinq *mille* trois cent sept *unités*

Remarque. — Pour énoncer des nombres composés de plus de 12 chiffres, on se rappellerait que les tranches successives portent les noms suivants : *unité, mille, million, billion, trillion, quatrillion, quintillion, sextillion,* etc.

TABLE D'ADDITION

V

1	et	0	font	1	4	et	0	font	4	7	et	0	font	7
1	et	1	font	2	4	et	1	font	5	7	et	1	font	8
1	et	2	font	3	4	et	2	font	6	7	et	2	font	9
1	et	3	font	4	4	et	3	font	7	7	et	3	font	10
1	et	4	font	5	4	et	4	font	8	7	et	4	font	11
1	et	5	font	6	4	et	5	font	9	7	et	5	font	12
1	et	6	font	7	4	et	6	font	10	7	et	6	font	13
1	et	7	font	8	4	et	7	font	11	7	et	7	font	14
1	et	8	font	9	4	et	8	font	12	7	et	8	font	15
1	et	9	font	10	4	et	9	font	13	7	et	9	font	16
2	et	0	font	2	5	et	0	font	5	8	et	0	font	8
2	et	1	font	3	5	et	1	font	6	8	et	1	font	9
2	et	2	font	4	5	et	2	font	7	8	et	2	font	10
2	et	3	font	5	5	et	3	font	8	8	et	3	font	12
2	et	4	font	6	5	et	4	font	9	8	et	4	font	11
2	ét	5	font	7	5	et	5	font	10	8	et	5	font	13
2	et	6	font	8	5	et	6	font	11	8	et	6	font	14
2	et	7	font	9	5	et	7	font	12	8	et	7	font	15
2	et	8	font	10	5	et	8	font	13	8	et	8	font	16
2	et	9	font	11	5	et	9	font	14	8	et	9	font	17
3	et	0	font	3	6	et	0	font	6	9	et	0	font	9
3	et	1	font	4	6	et	1	font	7	9	et	1	font	10
3	et	2	font	5	6	et	2	font	8	9	et	2	font	11
3	et	3	font	6	6	et	3	font	9	9	et	3	font	12
3	et	4	font	7	6	et	4	font	10	9	et	4	font	13
3	et	5	font	8	6	et	5	font	11	9	et	5	font	14
3	et	6	font	9	6	et	6	font	12	9	et	6	font	15
3	et	7	font	10	6	et	7	font	13	9	et	7	font	16
3	et	8	font	11	6	et	8	font	14	9	et	8	font	17
3	et	9	font	12	6	et	9	font	15	9	et	9	font	18

TABLE DE SOUSTRACTION

0	ôté de	0	reste	0	2	ôté de	2	reste	0	4	ôté de	4	reste	0
0	ôté de	1	reste	1	2	ôté de	3	reste	1	4	ôté de	5	reste	1
0	ôté de	2	reste	2	2	ôté de	4	reste	2	4	ôté de	6	reste	2
0	ôté de	3	reste	3	2	ôté de	5	reste	3	4	ôté de	7	reste	3
0	ôté de	4	reste	4	2	ôté de	6	reste	4	4	ôté de	8	reste	4
0	ôté de	5	reste	5	2	ôté de	7	reste	5	4	ôté de	9	reste	5
0	ôté de	6	reste	6	2	ôté de	8	reste	6	4	ôté de	10	reste	6
0	ôté de	7	reste	7	2	ôté de	9	reste	7	4	ôté de	11	reste	7
0	ôté de	8	reste	8	2	ôté de	10	reste	8	4	ôté de	12	reste	8
0	ôté de	9	reste	9	2	ôté de	11	reste	9	4	ôté de	13	reste	9
1	ôté de	1	reste	0	3	ôté de	3	reste	0	5	ôté de	5	reste	0
1	ôté de	2	reste	1	3	ôté de	4	reste	1	5	ôté de	6	reste	1
1	ôté de	3	reste	2	3	ôté de	5	reste	2	5	ôté de	7	reste	2
1	ôté de	4	reste	3	3	ôté de	6	reste	3	5	ôté de	8	reste	3
1	ôté de	5	reste	4	3	ôté de	7	reste	4	5	ôté de	9	reste	4
1	ôté de	6	reste	5	3	ôté de	8	reste	5	5	ôté de	10	reste	5
1	ôté de	7	reste	6	3	ôté de	9	reste	6	5	ôté de	11	reste	6
1	ôté de	8	reste	7	3	ôté de	10	reste	7	5	ôté de	12	reste	7
1	ôté de	9	reste	8	3	ôté de	11	reste	8	5	ôté de	13	reste	8
1	ôté de	10	reste	9	3	ôté de	12	reste	9	5	ôté de	14	reste	9

6	ôté de	6	reste	0	8	ôté de	8	reste	0	10	ôté de	10	reste	0
6	ôté de	7	reste	1	8	ôté de	9	reste	1	10	ôté de	11	reste	1
6	ôté de	8	reste	2	8	ôté de	10	reste	2	10	ôté de	12	reste	2
6	ôté de	9	reste	3	8	ôté de	11	reste	3	10	ôté de	13	reste	3
6	ôté de	10	reste	4	8	ôté de	12	reste	4	10	ôté de	14	reste	4
6	ôté de	11	reste	5	8	ôté de	13	reste	5	10	ôté de	15	reste	5
6	ôté de	12	reste	6	8	ôté de	14	reste	6	10	ôté de	16	reste	6
6	ôté de	13	reste	7	8	ôté de	15	reste	7	10	ôté de	17	reste	7
6	ôté de	14	reste	8	8	ôté de	16	reste	8	10	ôté de	18	reste	8
6	ôté de	15	reste	9	8	ôté de	17	reste	9	10	ôté de	19	reste	9

7	ôté de	7	reste	0	9	ôté de	9	reste	0
7	ôté de	8	reste	1	9	ôté de	10	reste	1
7	ôté de	9	reste	2	9	ôté de	11	reste	2
7	ôté de	10	reste	3	9	ôté de	12	reste	3
7	ôté de	11	reste	4	9	ôté de	13	reste	4
7	ôté de	12	reste	5	9	ôté de	14	reste	5
7	ôté de	13	reste	6	9	ôté de	15	reste	6
7	ôté de	14	reste	7	9	ôté de	16	reste	7
7	ôté de	15	reste	8	9	ôté de	17	reste	8
7	ôté de	16	reste	9	9	ôté de	18	reste	9

Valeur des signes

—

+ Signifie plus.

— Signifie moins.

× Signifie mult. par.

: Signifie divisé par.

TABLE DE MULTIPLICATION

1	fois	0	fait	0	4	fois	0	font	0	7	fois	0	font	0
1	fois	1	fait	1	4	fois	1	font	4	7	fois	1	font	7
1	fois	2	fait	2	4	fois	2	font	8	7	fois	2	font	14
1	fois	3	fait	3	4	fois	3	font	12	7	fois	3	font	21
1	fois	4	fait	4	4	fois	4	font	16	7	fois	4	font	28
1	fois	5	fait	5	4	fois	5	font	20	7	fois	5	font	35
1	fois	6	fait	6	4	fois	6	font	24	7	fois	6	font	42
1	fois	7	fait	7	4	fois	7	font	28	7	fois	7	font	49
1	fois	8	fait	8	4	fois	8	font	32	7	fois	8	font	56
1	fois	9	fait	9	4	fois	9	font	36	7	fois	9	font	63

2	fois	0	font	0	5	fois	0	font	0	8	fois	0	font	0
2	fois	1	font	2	5	fois	1	font	5	8	fois	1	font	8
2	fois	2	font	4	5	fois	2	font	10	8	fois	2	font	16
2	fois	3	font	6	5	fois	3	font	15	8	fois	3	font	24
2	fois	4	font	8	5	fois	4	font	20	8	fois	4	font	32
2	fois	5	font	10	5	fois	5	font	25	8	fois	5	font	40
2	fois	6	font	12	5	fois	6	font	30	8	fois	6	font	48
2	fois	7	font	14	5	fois	7	font	35	8	fois	7	font	56
2	fois	8	font	16	5	fois	8	font	40	8	fois	8	font	64
2	fois	9	font	18	5	fois	9	font	45	8	fois	9	font	72

3	fois	0	font	0	6	fois	0	font	0	9	fois	0	font	0
3	fois	1	font	3	6	fois	1	font	6	9	fois	1	font	9
3	fois	2	font	6	6	fois	2	font	12	9	fois	2	font	18
3	fois	3	font	9	6	fois	3	font	18	9	fois	3	font	27
3	fois	4	font	12	6	fois	4	font	24	9	fois	4	font	36
3	fois	5	font	15	6	fois	5	font	30	9	fois	5	font	45
3	fois	6	font	18	6	fois	6	font	36	9	fois	6	font	54
3	fois	7	font	21	6	fois	7	font	42	9	fois	7	font	63
3	fois	8	font	24	6	fois	8	font	48	9	fois	8	font	72
3	fois	9	font	27	6	fois	9	font	54	9	fois	9	font	81

Ex. 20 : 6 = 3, r. 2. *Lisez* 20 divisé par 6 égale 3, reste 2.

1 : 1 = 1

---

2 : 2 = 1
3 : 2 = 1, r. 1
4 : 2 = 2
5 : 2 = 2, r. 1
6 : 2 = 3
7 : 2 = 3, r. 1
8 : 2 = 4
9 : 2 = 4, r. 1
10 : 2 = 5
11 : 2 = 5, r. 1
12 : 2 = 6
13 : 2 = 6, r. 1
14 : 2 = 7
15 : 2 = 7, r. 1
16 : 2 = 8
17 : 2 = 8, r. 1
18 : 2 = 9
19 : 2 = 9, r. 1

---

3 : 3 = 1
4 : 3 = 1, r. 1
5 : 3 = 1, r. 2
6 : 3 = 2
7 : 3 = 2, r. 1
8 : 3 = 2, r. 2
9 : 3 = 3
10 : 3 = 3, r. 1
11 : 3 = 3, r. 2
12 : 3 = 4
13 : 3 = 4, r. 1
14 : 3 = 4, r. 2
15 : 3 = 5
16 : 3 = 5, r. 1
17 : 3 = 5, r. 2
18 : 3 = 6
19 : 3 = 6, r. 1
20 : 3 = 6, r. 2
21 : 3 = 7
22 : 3 = 7, r. 1
23 : 3 = 7, r. 2
24 : 3 = 8
25 : 3 = 8, r. 1
26 : 3 = 8, r. 2
27 : 3 = 9
28 : 3 = 9, r. 1
29 : 3 = 9, r. 2

---

4 : 4 = 1
5 : 4 = 1, r. 1
6 : 4 = 1, r. 2
7 : 4 = 1, r. 3
8 : 4 = 2
9 : 4 = 2, r. 1
10 : 4 = 2, r. 2
11 : 4 = 2, r. 3
12 : 4 = 3
13 : 4 = 3, r. 1
14 : 4 = 3, r. 2
15 : 4 = 3, r. 3
16 : 4 = 4
17 : 4 = 4, r. 1
18 : 4 = 4, r. 2
19 : 4 = 4, r. 3
20 : 4 = 5
21 : 4 = 5, r. 1
22 : 4 = 5, r. 2
23 : 4 = 5, r. 3
24 : 4 = 6
25 : 4 = 6, r. 1
26 : 4 = 6, r. 2
27 : 4 = 6, r. 3
28 : 4 = 7
29 : 4 = 7, r. 1
30 : 4 = 7, r. 2
31 : 4 = 7, r. 3
32 : 4 = 8
33 : 4 = 8, r. 1
34 : 4 = 8, r. 2
35 : 4 = 8, r. 3
36 : 4 = 9
37 : 4 = 9, r. 1
38 : 4 = 9, r. 2
39 : 4 = 9, r. 3

---

5 : 5 = 1
6 : 5 = 1, r. 1
7 : 5 = 1, r. 2
8 : 5 = 1, r. 3
9 : 5 = 1, r. 4
10 : 5 = 2
11 : 5 = 2, r. 1
12 : 5 = 2, r. 2
13 : 5 = 2, r. 3
14 : 5 = 2, r. 4
15 : 5 = 3
16 : 5 = 3, r. 1
17 : 5 = 3, r. 2
18 : 5 = 3, r. 3
19 : 5 = 3, r. 4
20 : 5 = 4
21 : 5 = 4, r. 1
22 : 5 = 4, r. 2
23 : 5 = 4, r. 3
24 : 5 = 4, r. 4
25 : 5 = 5
26 : 5 = 5, r. 1
27 : 5 = 5, r. 2
28 : 5 = 5, r. 3
29 : 5 = 5, r. 4
30 : 5 = 6
31 : 5 = 6, r. 1
32 : 5 = 6, r. 2
33 : 5 = 6, r. 3
34 : 5 = 6, r. 4
35 : 5 = 7
36 : 5 = 7, r. 1
37 : 5 = 7, r. 2
38 : 5 = 7, r. 3
39 : 5 = 7, r. 4
40 : 5 = 8
41 : 5 = 8, r. 1
42 : 5 = 8, r. 2
43 : 5 = 8, r. 3
44 : 5 = 8, r. 4
45 : 5 = 9
46 : 5 = 9, r. 1
47 : 5 = 9, r. 2
48 : 5 = 9, r. 3
49 : 5 = 9, r. 4

---

6 : 6 = 1
7 : 6 = 1, r. 1
8 : 6 = 1, r. 2
9 : 6 = 1, r. 3
10 : 6 = 1, r. 4
11 : 6 = 1, r. 5
12 : 6 = 2
13 : 6 = 2, r. 1
14 : 6 = 2, r. 2
15 : 6 = 2, r. 3
16 : 6 = 2, r. 4
17 : 6 = 2, r. 5
18 : 6 = 3
19 : 6 = 3, r. 1
20 : 6 = 3, r. 2
21 : 6 = 3, r. 3
22 : 6 = 3, r. 4
23 : 6 = 3, r. 5
24 : 6 = 4
25 : 6 = 4, r. 1
26 : 6 = 4, r. 2
27 : 6 = 4, r. 3
28 : 6 = 4, r. 4
29 : 6 = 4, r. 5
30 : 6 = 5
31 : 6 = 5, r. 1
32 : 6 = 5, r. 2
33 : 6 = 5, r. 3
34 : 6 = 5, r. 4
35 : 6 = 5, r. 5
36 : 6 = 6
37 : 6 = 6, r. 1
38 : 6 = 6, r. 2
39 : 6 = 6, r. 3
40 : 6 = 6, r. 4
41 : 6 = 6, r. 5
42 : 6 = 7
43 : 6 = 7, r. 1
44 : 6 = 7, r. 2
45 : 6 = 7, r. 3
46 : 6 = 7, r. 4
47 : 6 = 7, r. 5
48 : 6 = 8
49 : 6 = 8, r. 1
50 : 6 = 8, r. 2
51 : 6 = 8, r. 3
52 : 6 = 8, r. 4
53 : 6 = 8, r. 5
54 : 6 = 9
55 : 6 = 9, r. 1
56 : 6 = 9, r. 2
57 : 6 = 9, r. 3
58 : 6 = 9, r. 4
59 : 6 = 9, r. 5

---

7 : 7 = 1
8 : 7 = 1, r. 1
9 : 7 = 1, r. 2
10 : 7 = 1, r. 3
11 : 7 = 1, r. 4
12 : 7 = 1, r. 5
13 : 7 = 1, r. 6
14 : 7 = 2
15 : 7 = 2, r. 1
16 : 7 = 2, r. 2
17 : 7 = 2, r. 3
18 : 7 = 2, r. 4
19 : 7 = 2, r. 5
20 : 7 = 2, r. 6
21 : 7 = 3
22 : 7 = 3, r. 1
23 : 7 = 3, r. 2
24 : 7 = 3, r. 3

25 : 7 = 3, r. 4	12 : 8 = 1, r. 4	62 : 8 = 7, r. 6	40 : 9 = 4, r. 4
26 : 7 = 3, r. 5	13 : 8 = 1, r. 5	63 : 8 = 7, r. 7	41 : 9 = 4, r. 5
27 : 7 = 3, r. 6	14 : 8 = 1, r. 6	64 : 8 = 8	42 : 9 = 4, r. 6
28 : 7 = 4	15 : 8 = 1, r. 7	65 : 8 = 8, r. 1	43 : 9 = 4, r. 7
29 : 7 = 4, r. 1	16 : 8 = 2	66 : 8 = 8, r. 2	44 : 9 = 4, r. 8
30 : 7 = 4, r. 2	17 : 8 = 2, r. 1	67 : 8 = 8, r. 3	45 : 9 = 5
31 : 7 = 4, r. 3	18 : 8 = 2, r. 2	68 : 8 = 8, r. 4	46 : 9 = 5, r. 1
32 : 7 = 4, r. 4	19 : 8 = 2, r. 3	69 : 8 = 8, r. 5	47 : 9 = 5, r. 2
33 : 7 = 4, r. 5	20 : 8 = 2, r. 4	70 : 8 = 8, r. 6	48 : 9 = 5, r. 3
34 : 7 = 4, r. 6	21 : 8 = 2, r. 5	71 : 8 = 8, r. 7	49 : 9 = 5, r. 4
35 : 7 = 5	22 : 8 = 2, r. 6	72 : 8 = 9	50 : 9 = 5, r. 5
36 : 7 = 5, r. 1	23 : 8 = 2, r. 7	73 : 8 = 9, r. 1	51 : 9 = 5, r. 6
37 : 7 = 5, r. 2	24 : 8 = 3	74 : 8 = 9, r. 2	52 : 9 = 5, r. 7
38 : 7 = 5, r. 3	25 : 8 = 3, r. 1	75 : 8 = 9, r. 3	53 : 9 = 5, r. 8
39 : 7 = 5, r. 4	26 : 8 = 3, r. 2	76 : 8 = 9, r. 4	54 : 9 = 6
40 : 7 = 5, r. 5	27 : 8 = 3, r. 3	77 : 8 = 9, r. 5	55 : 9 = 6, r. 1
41 : 7 = 5, r. 6	28 : 8 = 3, r. 4	78 : 8 = 9, r. 6	56 : 9 = 6, r. 2
42 : 7 = 6	29 : 8 = 3, r. 5	79 : 8 = 9, r. 7	57 : 9 = 6, r. 3
43 : 7 = 6, r. 1	30 : 8 = 3, r. 6	———————	58 : 9 = 6, r. 4
44 : 7 = 6, r. 2	31 : 8 = 3, r. 7	: 9 = 1	59 : 9 = 6, r. 5
45 : 7 = 6, r. 3	32 : 8 = 4	10 : 9 = 1, r. 1	60 : 9 = 6, r. 6
46 : 7 = 6, r. 4	33 : 8 = 4, r. 1	11 : 9 = 1, r. 2	61 : 9 = 6, r. 7
47 : 7 = 6, r. 5	34 : 8 = 4, r. 2	12 : 9 = 1, r. 3	62 : 9 = 6, r. 8
48 : 7 = 6, r. 6	35 : 8 = 4, r. 3	13 : 9 = 1, r. 4	63 : 9 = 7
49 : 7 = 7	36 : 8 = 4, r. 4	14 : 9 = 1, r. 5	64 : 9 = 7, r. 1
50 : 7 = 7, r. 1	37 : 8 = 4, r. 5	15 : 9 = 1, r. 6	65 : 9 = 7, r. 2
51 : 7 = 7, r. 2	38 : 8 = 4, r. 6	16 : 9 = 1, r. 7	66 : 9 = 7, r. 3
52 : 7 = 7, r. 3	39 : 8 = 4, r. 7	17 : 9 = 1, r. 8	67 : 9 = 7, r. 4
53 : 7 = 7, r. 4	40 : 8 = 5	18 : 9 = 2	68 : 9 = 7, r. 5
54 : 7 = 7, r. 5	41 : 8 = 5, r. 1	19 : 9 = 2, r. 1	69 : 9 = 7, r. 6
55 : 7 = 7, r. 6	42 : 8 = 5, r. 2	20 : 9 = 2, r. 2	70 : 9 = 7, r. 7
56 : 7 = 8	43 : 8 = 5, r. 3	21 : 9 = 2, r. 3	71 : 9 = 7, r. 8
57 : 7 = 8, r. 1	44 : 8 = 5, r. 4	22 : 9 = 2, r. 4	72 : 9 = 8
58 : 7 = 8, r. 2	45 : 8 = 5, r. 5	23 : 9 = 2, r. 5	73 : 9 = 8, r. 1
59 : 7 = 8, r. 3	46 : 8 = 5, r. 6	24 : 9 = 2, r. 6	74 : 9 = 8, r. 2
60 : 7 = 8, r. 4	47 : 8 = 5, r. 7	25 : 9 = 2, r. 7	75 : 9 = 8, r. 3
61 : 7 = 8, r. 5	48 : 8 = 6	26 : 9 = 2, r. 8	76 : 9 = 8, r. 4
62 : 7 = 8, r. 6	49 : 8 = 6, r. 1	27 : 9 = 3	77 : 9 = 8, r. 5
63 : 7 = 9	50 : 8 = 6, r. 2	28 : 9 = 3, r. 1	78 : 9 = 8, r. 6
64 : 7 = 9, r. 1	51 : 8 = 6, r. 3	29 : 9 = 3, r. 2	79 : 9 = 8, r. 7
65 : 7 = 9, r. 2	52 : 8 = 6, r. 4	30 : 9 = 3, r. 3	80 : 9 = 8, r. 8
66 : 7 = 9, r. 3	53 : 8 = 6, r. 5	31 : 9 = 3, r. 4	81 : 9 = 9
67 : 7 = 9, r. 4	54 : 8 = 6, r. 6	32 : 9 = 3, r. 5	82 : 9 = 9, r. 1
68 : 7 = 9, r. 5	55 : 8 = 6, r. 7	33 : 9 = 3, r. 6	83 : 9 = 9, r. 2
69 : 7 = 9, r. 6	56 : 8 = 7	34 : 9 = 3, r. 7	84 : 9 = 9, r. 3
———————	57 : 8 = 7, r. 1	35 : 9 = 3, r. 8	85 : 9 = 9, r. 4
8 : 8 = 1	58 : 8 = 7, r. 2	36 : 9 = 4	86 : 9 = 9, r. 5
9 : 8 = 1, r. 1	59 : 8 = 7, r. 3	37 : 9 = 4, r. 1	87 : 9 = 9, r. 6
10 : 8 = 1, r. 2	60 : 8 = 7, r. 4	38 : 9 = 4, r. 2	88 : 9 = 9, r. 7
11 : 8 = 1, r. 3	61 : 8 = 7, r. 5	39 : 9 = 4, r. 3	89 : 9 = 9, r. 8

EXERCICES

DE CALCUL

SUR

LES QUATRE OPÉRATIONS FONDAMENTALES

DE L'ÁRITHMÉTIQUE

No		No		No		No		No		No	
1	412 325	19	475 204	37	576 117	55	577 194	73	456 832	91	674 854
2	613 234	20	507 492	38	746 149	56	345 456	74	517 491	92	357 489
3	514 342	21	272 129	39	427 239	57	456 265	75	621 724	93	854 359
4	517 421	22	426 457	40	574 219	58	748 285	76	707 797	94	456 895
5	745 223	23	587 107	41	247 389	59	679 178	77	424 397	95	764 857
6	426 232	24	648 239	42	176 277	60	574 279	78	524 415	96	647 879
7	575 223	25	557 227	43	379 485	61	457 754	79	617 493	97	452 830
8	254 623	26	123 567	44	486 297	62	705 804	80	779 776	98	123 534
9	148 750	27	456 234	45	596 279	63	345 189	81	475 794	99	342 873
10	564 324	28	789 209	46	149 288	64	496 794	82	637 555	100	972 495
11	216 450	29	647 125	47	279 185	65	896 944	83	689 476	101	228 395
12	514 375	30	777 113	48	374 384	66	576 647	84	744 659	102	344 982
13	745 254	31	435 445	49	489 265	67	897 409	85	527 677	103	354 931
14	795 203	32	575 405	50	547 274	68	507 493	86	477 296	104	856 389
15	632 243	33	807 184	51	187 284	69	354 497	87	157 275	105	651 492
16	423 506	34	347 528	52	276 185	70	805 495	88	369 496	106	294 856
17	245 123	35	545 429	53	357 168	71	320 407	89	579 297	107	951 265
18	342 235	36	476 114	54	489 257	72	609 769	90	178 245	108	562 850

1.	R.	737	37.	R.	693	73.	R. 1.288
2.	R.	847	38.	R.	895	74.	R. 1.008
3.	R.	856	39.	R.	666	75.	R. 1.345
4.	R.	938	40.	R.	793	76.	R. 1.504
5.	R.	968	41.	R.	636	77.	R. 821
6.	R.	658	42.	R.	453	78.	R. 939
7.	R.	768	43.	R.	864	79.	R. 1.110
8.	R.	877	44.	R.	783	80.	R. 1.555
9.	R.	898	45.	R.	875	81.	R. 1.269
10.	R.	888	46.	R.	437	82.	R. 1.192
11.	R.	666	47.	R.	464	83.	R. 1.165
12.	R.	889	48.	R.	758	84.	R. 1.403
13.	R.	999	49.	R.	754	85.	R. 1.204
14.	R.	998	50.	R.	821	86.	R. 773
15.	R.	875	51.	R.	471	87.	R. 432
16.	R.	929	52.	R.	461	88.	R. 865
17.	R.	368	53.	R.	525	89.	R. 876
18.	R.	577	54.	R.	746	90.	R. 423
19.	R.	679	55.	R.	771	91.	R. 1.528
20.	R.	999	56.	R.	801	92.	R. 846
21.	R.	401	57.	R.	721	93.	R. 1.213
22.	R.	883	58.	R.	1.033	94.	R. 1.351
23.	R.	694	59.	R.	857	95.	R. 1.621
24.	R.	887	60.	R.	853	96.	R. 1.526
25.	R.	784	61.	R.	1.211	97.	R. 1.282
26.	R.	690	62.	R.	1.509	98.	R. 666
27.	R.	690	63.	R.	534	99.	R. 1.215
28.	R.	998	64.	R.	1.290	100.	R. 1.467
29.	R.	772	65.	R.	1.840	101.	R. 623
30.	R.	890	66.	R.	1.223	102.	R. 1.326
31.	R.	880	67.	R.	1.306	103.	R. 1.285
32.	R.	980	68.	R.	1.000	104.	R. 1.245
33.	R.	991	69.	R.	851	105.	R. 1.143
34.	R.	875	70.	R.	1.300	106.	R. 1.150
35.	R.	974	71.	R.	727	107.	R. 1.216
36.	R.	590	72.	R.	1.378	108.	R. 1.418

N. B. Avant de s'exercer aux aditions de 2 nombres, les élèves devront étudier la table d'addition placée page VII, et qui présente toutes les combinaisons possibles de 2 chiffres. Ceux qui la posséderont parfaitement résoudront sans peine les exercices des 3 premières pages.

№		№		№		№	
109	456.367 347.479	127	876.746 482 795	145	656.434 874.325	163	677.440 857.579
110	853.454 907.279	128	674.915 482.839	146	947.910 576.824	164	789.746 477.937
111	654.457 439.395	129	973.476 595.649	147	647.943 896.850	165	547.764 350.097
112	854.695 379.296	130	898.423 769.579	148	475.670 694.957	166	597.091 447.089
113	576.507 447.279	131	649.786 878.947	149	824.957 717.854	167	627.685 851.469
114	856.165 376.497	132	747.457 928.416	150	477.415 378.394	168	765.424 573.527
115	584.298 349.189	133	574.615 697.470	151	557.489 980.557	169	174.854 674.975
116	875.347 439.474	134	647.654 926.589	152	727.519 844.619	170	749.827 684.954
117	575.549 426.145	135	857.450 498.795	153	647.795 752.370	171	684.357 367.489
118	654.157 317.279	136	574.907 575.799	154	424.957 327.089	172	342.827 704.374
119	274.176 392.394	137	787.977 954.517	155	995.676 576.544	173	545.659 796.307
120	475.354 642.765	138	348.976 176.987	156	878.457 457.829	174	895.467 301.959
121	276.721 464.934	139	476.456 694.324	157	755.749 676.676	175	764.879 304.857
122	394.577 472.495	140	755.427 686.917	158	954.417 727.728	176	654.859 152.963
123	874.877 659.741	141	477.424 648.695	159	474.555 629.676	177	754.676 349.943
124	476.509 342.897	142	367.987 458.989	160	789.476 517.094	178	453.657 304.956
125	853.799 764.587	143	684.677 797.979	161	794.574 449.632	179	123.456 204.195
126	675.478 782.987	144	344.257 573.424	162	979.528 581.896	180	709.987 505.304

109.	R.	803.846
110.	R.	1.760.733
111.	R.	1.093.852
112.	R.	1.233.991
113.	R.	1.023.786
114.	R.	1.232.662
115.	R.	933.487
116.	R.	1.314.821
117.	R.	1.001.724
118.	R.	971.436
119.	R,	666.570
120.	R.	1.118.119
121.	R.	741.655
122.	R.	867.072
123.	R.	1.534.618
124.	R.	819.406
125.	R.	1.618.386
126.	R.	1.458.465
127.	R.	1.359.541
128.	R.	1.157.754
129.	R.	1.569.125
130.	R.	1.668.002
131.	R.	1.528.733
132.	R.	1.675.873
133.	R.	1.272.085
134.	R.	1.574.243
135.	R.	1.356.245
136.	R.	1.150.706
137.	R.	1.742.494
138.	R.	528.963
139.	R.	1.170.780
140.	R.	1.442.344
141.	R.	1.126.119
142.	R.	826.976
143.	R.	1.482.656
144.	R.	917.681
145.	R.	1.530.759
146.	R.	1.524.734
147.	R.	1.544.793
148.	R.	1.170.627
149.	R.	1.542.811
150.	R.	855.809
151.	R.	1.538.046
152.	R.	1.572.138
153.	R.	1.400.165
154.	R.	752.046
155.	R.	1.572.220
156.	R.	1.336.286
157.	R.	1.432.425
158.	R.	1.682.145
159.	R.	1.104.231
160.	R.	1.306.570
161.	R.	1.244.206
162.	R.	1.561.424
163.	R.	1.535.019
164.	R.	1.267.703
165.	R.	897.861
166.	R.	1.044.180
167.	R.	1.479.154
168.	R.	1.338.951
169.	R.	849.829
170.	R.	1.434.781
171.	R.	1.051.846
172.	R.	1.047.201
173.	R.	1.341.966
174.	R.	1.197.426
175.	R.	1.069.736
176.	R.	807.822
177.	R.	1.104.619
178.	R.	758.613
179.	R.	327.651
180.	R.	1.215.291

181	676.524 729.617	199	976.884 795.793	217	476.655 577.459	235	684.376 897.984
182	857.495 427.985	200	654.870 909.851	218	882.354 576.937	236	307.450 850.967
183	794.691 657.784	201	776.893 371.456	219	347.694 476.797	237	648.967 976.878
184	470.557 381.877	202	759.544 877.409	220	695.794 774.689	238	549.875 687.216
185	274.654 769.719	203	650.717 876.509	221	879.767 854.952	239	474.305 869.496
186	487.825 394.624	204	454.629 739.767	222	650.769 775.678	240	607.450 376.980
187	829.651 728.577	205	657.897 794.976	223	745.651 576.089	241	745.674 302.956
188	687.657 789.909	206	876.575 457.978	224	765.097 975.985	242	895.465 359.963
189	875.654 989.907	207	847.425 934.817	225	754.742 901.754	243	345.607 156.605
190	789.107 695.999	208	707.809 976.437	226	754.676 869.754	244	697.807 307.852
191	123.456 789.012	209	849.735 651.976	227	457.579 819.516	245	980.079 395.891
192	472.617 884.954	210	746.743 854.957	228	547.794 827.489	246	784.853 487.904
193	617.854 594.917	211	917.829 851.427	229	374.375 725.795	247	647.871 309.241
194	894.575 876.934	212	856.437 934.579	230	795.796 987.678	248	497.654 340.956
195	575.671 679.584	213	457.829 319.515	231	578.467 854.359	249	807.405 350.705
196	675.794 790.827	214	769.413 617.875	232	678.487 854.356	250	654.907 351.903
197	417.825 535.479	215	576.279 495.176	233	587.875 496.794	251	805.464 890.315
198	876.427 934.557	216	957.424 919.576	234	673.875 594.967	252	654.907 389.980

181.	R.	1.406.141	217.	R. 1.054.114
182.	R.	1.285.480	218.	R. 1.459.291
183.	R.	1.452.475	219.	R. 824.491
184.	R.	852.434	220.	R. 1.470.483
185.	R.	1.044.373	221.	R. 1.734.719
186.	R.	882.449	222.	R. 1.426.447
187.	R.	1.558.228	223.	R. 1.321.740
188.	R.	1.477.566	224.	R. 1.741.082
189.	R.	1.865.561	225.	R. 1.656.496
190.	R.	1.485.106	226.	R. 1.624.430
191.	R.	912.468	227.	R. 1.277.095
192.	R.	1.357.571	228.	R. 1.375.283
193.	R.	1.212.771	229.	R. 1.100.170
194.	R.	1.771.509	230.	R. 1.783.474
195.	R.	1.255.255	231.	R. 1.432.826
196.	R.	1.466.621	232.	R. 1.532.843
197.	R.	953.304	233.	R. 1.084.669
198.	R.	1.810.984	234.	R. 1.268.842
199.	R.	1.772.677	235.	R. 1.582.360
200.	R.	1.564.721	236.	R. 1.158.417
201.	R.	1.148.349	237.	R. 1.625.845
202.	R.	1.636.953	238.	R. 1.237.091
203.	R.	1.527.226	239.	R. 1.343.801
204.	R.	1.191.396	240.	R. 984.430
205.	R.	1.452.873	241.	R. 1.048.630
206.	R.	1.334.553	242.	R. 1.255.428
207.	R.	1.782.242	243.	R. 502.212
208.	R.	1.684.246	244.	R. 1.005.659
209.	R.	1.501.711	245.	R. 1.375.970
210.	R.	1.601.700	246.	R. 1.272.757
211.	R.	1.769.256	247.	R. 957.115
212.	R.	1.791.016	248.	R. 838.610
213,	R.	777.344	249.	R. 1.158.110
214.	R.	1.387.288	250.	R. 1.006.810
215.	R.	1.071.455	251.	R. 1.695.779
216.	R.	1.877.000	252.	R. 1.044.887

253	807.976 5.624 564.807	266	452.827 76.679 2.742	279	3.474 827.951 794.276	292	897.452 920.672 746.794
254	577.409 689.476 6.747	267	310.407 76.415 592.808	280	7.952 972.354 786.546	293	76.009 984.888 457.697
255	845.467 37.854 957.674	268	875.449 996.898 3.824	281	85.837 352.934 587.952	294	904.525 876.577 928.395
256	6.976 827.845 535.694	269	82.742 924.895 752.566	282	357.047 76.879 649.754	295	827.456 925.834 834.937
257	70.459 425.716 409.357	270	784.805 492.827 4.754	283	304.825 77.156 789.654	296	824.907 933.829 54.927
258	5.027 376.877 736.954	271	6.823 989.347 724.839	284	452.372 9.694 877.783	297	456.874 27.956 769.674
259	405.789 6.854 75.768	272	57.924 984.697 725.833	285	897.476 684.753 778.694	298	47.854 957.970 809.676
260	67.425 576.324 847.907	273	954.356 876.977 767.898	286	776.827 84.785 492.826	299	476.089 748.678 88.482
261	76.515 689.065 276.709	274	79.080 854.974 569.677	287	453.821 74.759 859.667	300	987.854 64.247 809.456
262	671.079 9.906 567.765	275	64.807 52.934 879.768	288	217.904 54.825 679.964	301	741.854 7.465 3.978
263	275.824 197.489 356.490	276	4.927 98.896 679.589	289	376.924 433.827 899.755	302	4.307 645.879 474.307
264	24.547 752.976 376.549	277	894.796 457.877 786.987	290	657.985 984.752 895.674	303	456.817 96.209 817.456
265	824 294.731 481.835	278	53.827 677.924 789.789	291	423.590 677.884 899.791	304	327.410 7.689 456.351

253.	R.	1.378.497	279.	R. 1.625.701
254.	R.	1.273.632	280.	R. 1.766.852
255.	R.	1.840.995	281.	R. 1.026.723
256.	R.	1.370.515	282.	R. 1.083.680
257.	R.	905.532	283.	R. 1.171.635
258.	R.	1.118.858	284.	R. 1.339.849
259.	R.	488.411	285.	R. 2.360.923
260.	R.	1.491.656	286.	R. 1.354.438
261.	R.	1.042.289	287.	R. 1.388.247
262.	R.	1.248.750	288.	R. 952.693
263.	R.	829.803	289.	R. 1.710.506
264.	R.	1.154.072	290.	R. 2.538.411
265.	R.	777.390	291.	R. 2.001.265
266.	R.	533.248	292.	R. 2.564.918
267.	R.	979.630	293.	R. 1.518.594
268.	R.	1.875.171	294.	R. 2.709.497
269.	R.	1.760.203	295.	R. 2.588.227
270.	R.	1.282.386	296.	R. 1.813.663
271.	R.	1.721.009	297.	R. 1.254.504
272.	R.	1.768.454	298.	R. 1.815.500
273.	R.	2.599.231	299.	R. 1.313.249
274.	R.	1.503.731	300.	R. 1.861.557
275.	R.	997.509	301.	R. 753.297
276.	R.	783.412	302.	R. 1.124.493
277.	R.	2.139.660	303.	R. 1.370.482
278.	R.	1.521.540	304.	R. 791.453

N. B. Avant d'appliquer les élèves aux additions composées de plus de 2 nombres, il serait très-utile de les exercer à toutes les combinaisons possibles d'additions que chaque chiffre peut rencontrer dans ces exercices. C'est à quoi l'on arrivera sans peine, à l'aide de la table d'addition que l'on a placée dans ce recueil, de la page XI à la page XII, et de la page 10 à la page 18. On aurait soin, pour chaque chiffre, de s'arrêter à 30 pour les additions de 3 nombres, à 40 pour les additions de 4 nombres, à 50 pour les additions de 5 nombres, etc. Cet exercice, capable d'intéresser une classe tout entière, dispose les commençants à résoudre très-promptement des additions d'une étendue considérable.

N°		N°		N°		N°	
305	59.827 747.365 984.576	318	654.789 773.212 564.342	331	5.276 576.423 760.554	344	237.864 49.874 895.597
306	364.907 671.596 795.879	319	676.834 847.885 989.769	332	676.345 834.557 896.743	345	624.079 937.484 584.979
307	754.607 837.925 945.769	320	495.837 72.224 795.477	333	654.957 78.786 547.679	346	678.879 95.547 276.754
308	759.823 875.453 694.937	321	37.904 986.876 877.795	334	529.234 876.789 798.575	347	376.474 928.357 877.676
309	924.674 787.743 896.395	322	676.976 799.884 685.544	335	257.470 988.742 599.899	348	76.984 487.876 549.879
310	789.651 666.795 584.888	323	823.441 937.542 239.674	336	454.376 756.079 489.215	349	676 456.894 972.397
311	677.491 5.887 976.642	324	824.954 987.889 769.564	337	7.809 356.377 254.594	350	6.795 694.846 653.957
312	837.454 928.367 676.896	325	834.905 976.827 895.795	338	376.476 5.654 858.796	351	849 753.476 977.689
313	576.824 794.952 977.495	326	839.455 768.649 897.795	339	854.217 785.829 677.549	352	87.654 796.078 578.697
314	835.754 676.885 898.776	327	698.929 837.651 596.746	340	34.827 376.956 798.898	353	450.017 696.459 807.576
315	754.829 878.937 989.773	328	954.653 497.974 689.899	341	87.851 676.724 375.697	354	307 45.654 807.456
316	854.947 967.876 789.767	329	654.376 795.497 689.879	342	78.947 354.705 495.827	355	7.426 874.974 954.369
317	654.576 976.787 898.694	330	677.894 895.957 577.676	343	276.509 484.821 256.776	356	67.450 698.795 476.887

305.	R. 1.791.768		331.	R. 1.342.253
306.	R. 1.832.382		332.	R. 2.407.645
307.	R. 2.538.301		333.	R. 1.281.422
308.	R. 2.330.213		334.	R. 2.204.598
309.	R. 2.608.812		335.	R. 1.846.111
310.	R. 2.041.334		336.	R. 1.699.670
311.	R. 1.660.020		337.	R. 618.780
312.	R. 2.442.717		338.	R. 1.240.926
313.	R. 2.349.271		339.	R. 2.317.595
314.	R. 2.411.415		340.	R. 1.210.681
315.	R. 2.623.539		341.	R. 1.140.272
316.	R. 2.612.590		342.	R. 929.479
317.	R. 2.530.057		343.	R. 1.018.106
318.	R. 1.992.343		344.	R. 1.183.335
319.	R. 2.514.488		345.	R. 2.146.542
320.	R. 1.363.538		346.	R. 1.051.180
321.	R. 1.902.575		347.	R. 2.182.507
322.	R. 2.162.404		348.	R. 1.114.739
323.	R. 2.000.657		349.	R. 1.429.967
324.	R. 2.582.407		350.	R. 1.355.598
325.	R. 2.707.527		351.	R. 1.732.014
326.	R. 2.505.899		352.	R. 1.463.329
327.	R. 2.133.326		353.	R. 1.954.052
328.	R. 2.142.526		354.	R. 853.417
329.	R. 2.139.752		355.	R. 1.836.769
330.	R. 2.151.527		356.	R. 1.243.132

N°		N°		N°	
357	943.575.423 854.349.870 975.750.249	370	657.954 862.945.677 452.789.654	383	476.795.675 764.579.889 507.687.964
358	745.654.870 94.875.984 734.954.877	371	457.676.917 576.485.854 695.976.967	384	545.657.899 437.964.542 654.876.788
359	476.854.984 7.675.895 654.764.954	372	543.285.654 791.396.787 887.567.976	385	195.234.357 7.676.968 596.798.879
360	576.895.752 495.847.967 9.954.634	373	576.451.324 455.934.656 567.957.823	386	452.373.464 786.954.789 694.876.998
361	477.546.789 585.678.897 246.794.976	374	587.654.927 674.987.634 486.856.858	387	796.457.676 687.794.794 8.968.587
362	524.677.875 676.954.967 795.896.789	375	7.453.876 954.796.685 876.666 793	388	584.653.795 695.796.817 776.887.984
363	74.954.896 745.876.547 6.798.798	376	432.765.321 754.674.807 879.987.984	389	457.576.324 6.847.987 689.698.798
364	376.457.897 453.376.586 547.684.794	377	576.795.984 687.987.877 793.676.785	390	674.856 974.845.922 64.596.847
365	52.576.827 576.497.899 494.785.675	378	567.898 547.676.784 325.479.977	391	74.285 97.889.658 854.397.897
366	743.210.827 457.654.932 596.786.896	379	476.307.827 574.587.654 955.496.772	392	7.650.074 853.987.695 974.876.956
367	574.654.787 9.876.989 785.495.875	380	7.675.432 234.567.899 475.376.798	393	74.234.654 986.876.497 647.987.854
368	476.986.541 984.247.677 596.795.954	381	375.452.677 7.546.984 578.667.546	394	476.874 75.689.693 896.797.784
369	654.234.654 568.976.456 876.889.999	382	230.076.475 791.989.396 484.657.987	395	65.489 7.688.987 986.854.576

357. R. 2.773.675.542
358. R. 1.575.485.731
359. R. 1.139.295.833
360. R. 1.082.698.353
361. R. 1.310.020.662
362. R. 1.997.529.631
363. R.   827.630.241
364. R. 1.377.519.277
365. R. 1.123.860.401
366. R. 1.797.652.655
367. R. 1.370.027.651
368. R. 2.058.030.172
369. R. 2.100.101.109
370. R. 1.316.393.285
371. R. 1.730.139.738
372. R. 2.222.250.417
373. R. 1.600.343.803
374. R. 1.749.499.419
375. R. 1.838.927.354
376. R. 2.067.428.112
377. R. 2.058.460.646
378. R.   873.724.659
379. R. 2.006.392.253
380. R.   717.620.129
381. R.   961.667.207
382. R. 1.506.723.858
383. R. 1.749.063.528
384. R. 1.638.499.229
385. R.   799.710.204
386. R. 1.934.205.251
387. R. 1.493.221.057
388. R. 2.057.338.596
389. R. 1.154.123.109
390. R. 1.040.117.625
391. R.   952.361.840
392. R 1.836.514.725
393. R 1.709.099.005
394. R.   972.964.351
395. R.   994.609.052

396	576.794.652	409	577.235.467	422	754.650.827
	467.887.789		689.898.596		675.798.354
	689.975.898		845.976.375		757.654.976
397	354.796.452	410	745.676.452	423	650.475.875
	477.689.376		356.789.584		6.984.989
	766.875.889		789.898.976		889.796.854
398	454.764.896	411	564.375.452	424	764.576.776
	897.589		827.952.365		476.884.894
	689.985.667		989.899.765		987.997.987
399	413.575.654	412	7.652.927	425	74.678.432
	245.689.897		535.746.795		7.465.374
	987.347.566		676.898.888		847.953.459
400	567.984.321	413	769.654.327	426	546.876.307
	495.675.474		452.577.889		9.046.754
	689.797.689		678.786.918		74.857.937
401	4.347.651	414	575.479.884	427	436.807
	865.755.561		657.584.927		47.659.874
	447.675.384		789.697.547		856.524.325
402	327.454.276	415	327.450.676	428	57.435.607
	789.567.485		821.976.217		842.954.824
	898.635.743		796.897.898		95.676.936
403	645.606.997	416	567.452.377	429	70.457
	2.754.884		477.354.889		8.984.604
	567.875.776		889.687.996		976.867.539
404	475.645.751	417	5.677.452	430	7.650.342
	547.896.946		436.584.796		974.376.457
	689.987.875		797.895.974		83.085.768
405	456.374.854	418	325.674.827	431	45.789
	967.653.485		747.932.674		75.376.453
	526.789.596		569.485.895		847.648.967
406	546.276.927	419	415.956.327	432	6.785.076
	627.792		825.937.454		745.672.893
	797.794.889		976.878.796		89.847.984
407	677.455.476	420	327.457.632	433	794.217.476
	794.587.495		794.875.954		6.954.307
	685.694.784		686.956.869		954.307
408	7.565.654	421	798.653.450	434	7.456.079
	49.677.789		7.987.987		454.807.354
	488.754.347		956.896.789		7.395.709

396. R. 1.734.658.339
397. R. 1.599.361.717
398. R. 1.145.648.152
399. R. 1.646.613.117
400. R. 1.753.457.484
401. R. 1.317.778.596
402. R. 2.015.657.504
403. R. 1.216.237.657
404. R. 1.713.530.572
405. R. 1.950.817.935
406. R. 1.344.699.608
407. R. 2.157.737.755
408. R.   545.997.790
409. R. 2.113.110.438
410. R. 1.892.365.012
411. R. 2.382.227.582
412. R. 1.220.298.610
413. R. 1.901.022.134
414. R. 2.022.762.358
415. R. 1.946.324.791
416. R. 1.934.795.262
417. R. 1.240.158.222
418. R. 1.643.093.396
419. R. 2.218.772.577
420. R. 1.809.290.455
421. R. 1.763.538.226
422. R. 2.188.104.157
423. R. 1.547.257.718
424. R. 2.229.459.657
425. R.   930.097.265
426. R.   630.780.998
427. R.   904.621.006
428. R.   996.067.367
429. R.   985.922.600
430. R. 1.065.112.567
431. R.   923.071.209
432. R.   842.305.953
433. R.   802.126.090
434. R.   469.659.142

435	56.276.454	**445**	725.076.482	**455**	54.307
	357.796.709		894.675		489.787.596
	6.719.187		489.765.798		748.995.984
	577.485.855		78.987.864		687.543.753
436	692.976	**446**	20.742.345	**456**	456.884.569
	427.985.741		679.659.419		677.958.888
	4.851.907		848.487.578		3.735.894
	795.291.752		987.894.684		942.469.952
437	76.984.316	**447**	434.579	**457**	987.654.327
	6.569.897		478.527.624		767.454
	978.087.705		2.795.467		5.846.785
	324.829.496		984.686.386		966.535.592
438	74.826.456	**448**	789 894.607	**458**	74.952
	96.749		6 546.754		987.785.874
	895.735.276		73.836		865.289.289
	498.307.476		454.287.948		746.347.667
439	576.450.079	**449**	356.754.651	**459**	7.847.976
	94.196.376		7.447.176		346.964.624
	65.438		78.489		974.548.935
	560.898.275		94.869.589		73.856.907
440	797.654.829	**450**	6.798.954	**460**	742.345
	776.819		452.679.587		67.496.567
	15.435.839		7.665		879.787.896
	596.787.976		777.423.749		544 087.674
441	485.676	**451**	457.887.954	**461**	874.325
	497.897.987		378.798.237		167.489.874
	89.854		596.576.765		7.678.978
	769.476.769		185.964.476		934.854.674
442	654.874.954	**452**	276.457.844	**462**	8.450.753
	68.987.876		384.584.876		407.674.829
	796.589		997.695.897		799.456.948
	895.458.795		865.768.765		976.874.607
443	57.874.089	**453**	437.576.874	**463**	76.874
	4.786.774		54 694.969		4.768.959
	875.697.897		869.787.487		659.897.864
	965.665		985.853.598		485.974.678
444	476.542.827	**454**	596.832.542	**464**	787.695
	69.874.386		7.447.176		989 942.894
	297.486.674		78.489		7.426.876
	4.235.745		94.869.598		894.247.654

435. R.   998.278.205
436. R. 1.228.822.376
437. R. 1.386.471.414
438. R. 1.468.965.957
439. R. 1.231.610.168
440. R. 1.410.655.463
441. R. 1.267.950.286
442. R. 1.620.118.214
443. R.   939.324.425
444. R.   848.139.632
445. R. 1.294.724.819
446. R. 2.536.784.026
447. R. 1.466.444.056
448. R. 1.250.803.145
449. R.   459.149.905
450. R. 1.236.909.955
451. R. 1.619.227.432
452. R. 2.524.507.382
453. R. 2.347.912.928
454. R.   699.227.805
455. R. 1.926.381.640
456. R. 2.081.049.303
457. R. 1.960.804.158
458. R. 2.599.497.782
459. R. 1.403.218.442
460. R. 1.492.114.482
461. R. 1.110.897.851
462. R. 2.192.457.137
463. R. 1.150.718.375
464. R. 1.892.405.119

465	824,927.552	475	456.258.987	485	924.345.706
	937.654.674		76 898		56.227
	876.376.981		5.789.543		4.376.825
	8.198.396		878.265.303		896.269.824
466	7.692.752	476	7.417	486	746.834.232
	79.754.276		7.376.453		988.978.345
	936.577.423		96.543.234		75.576
	764.798.234		672.354.831		89.452.372
467	875.927.404	477	25.974	487	769.827.405
	784.652.753		984.567.832		37.409.754
	996.874.967		7.976.765		363.429
	3.435.899		468.988.598		576.217.674
468	7.854.254	478	654.789	488	74.284.504
	985.676.376		988.472.925		834.976
	54.476		6.347.227		427.677.689
	776.649.867		865.235.678		957.854.376
469	476.217.824	479	455.276.827	489	75.487.634
	376.981		374.455.934		807.976.469
	988.765.324		933.821		789.547.978
	67.472		9.837.755		407.906.807
470	749.827.356	480	796.487.825	490	745.648
	776.874		4.754.954		845.976.408
	978.594.659		92.236		977.689.987
	67.989.377		475.235.642		456.807.542
471	7.827.432	481	54.336	491	8.745.677
	54.827		452.576.345		896.675
	987.675.372		4.987.894		976.674.344
	899.466.754		985.891.237		854.954.956
472	7.808	482	576.476.823	492	674.816
	886.766.554		76.417		47.989.745
	834.251		643.217.895		57.698.579
	977.407.307		897.988.589		984.874.769
473	456.874	483	452.376.824	493	435.649
	6.378.496		1.364.795		89.376.874
	98.899.577		898.987.885		497.694.587
	885.293.654		856.676		75.654.806
474	578.907.007	484	56.234	494	45.608.425
	423.569.456		984.572.373		906.425.679
	9.823.576		479.668.542		849.579.858
	476.354.985		854.684.963		708.754.376

465.	R. 2.647.157.603
466.	R. 1.788.822.685
467.	R. 2.660.891.023
468.	R. 1.770.234.973
469.	R. 1.465.427.601
470.	R. 1.797.188.266
471.	R. 1.895.024.385
472.	R. 1.868.015.920
473.	R. 991.028.601
474.	R. 1.488.655.024
475.	R. 1.340.390.731
476.	R. 776.281.935
477.	R. 1.461.559.169
478.	R. 1.860.710.619
479.	R. 840.504.337
480.	R. 1.276.570.657
481.	R. 1.443.509.812
482.	R. 2.117.759.724
483.	R. 1.353.586.180
484.	R. 2.318.982.112
485.	R. 1.825.048.582
486.	R. 1.825.340.525
487.	R. 1.383.818.262
488.	R. 1.460.651.545
489.	R. 2.080.918.888
490.	R. 2.281.219.585
491.	R. 1.841.271.652
492.	R. 1.091.237.909
493.	R. 662.161.916
494.	R. 2.510.368.338

495	674.359.864 7.677.952 898.547.563 936.459	505	687.854 679.796.979 675.768 885.975.433	515	894.875 70.675.487 207.876.896 46.954.278
496	496.577 476.784.896 987.929.654 856.934.761	506	4.457.988 25.678.796 654.786.679 97.676.927	516	7.654.322 40.796.979 6.687.855 207.976.872
497	357.654 827.964.276 789.853 496.677.927	507	45.675.467 6.789.854 307.576.376 489.236.579	517	45.473.654 369.867 6.489.874 78.907.576
498	74.927 354.213.455 456.717 896.546.825	508	3.547.897 205.685.929 74.354.586 506.875.496	518	45.678.907 7.422.875 76.689.387 475.654.976
499	76.542 653.476 764.589.985 579.698.794	509	976.452 34.687.376 7.898.957 456.976.654	519	4.809.675 307.685.494 84.296.972 807.574.676
500	4.834 759.787.672 4.952.892 979.894.927	510	3.458.542 47.977.375 829.457 476.853.452	520	5.694.275 48.769.542 743.607.929 789.876
501	979.678.899 76.897 879.654.393 798.989.789	511	647.897 453.987.374 8.899.999 951.987.676	521	784.807 45.487.653 4.569.879 937.624.845
502	997.334 989.296.857 897.576.854 932.677.496	512	475.676.475 67.894.357 829.678.976 7.496.345	522	475.879 674.275.827 7.454 3.976.798
503	45.457.879 674.798.654 2.686.796 345.989.807	513	8.354.875 457.487.689 29.946.798 7.678.897	523	7.484 4.948.679 807.456.896 403.476
504	576.859 474.897.978 2.886.797 47.689.836	514	78.475.854 475.995.876 7.889.689 679.375.487	524	45.678 79.478.895 897.687.024 886.976.543

495.	R. 1.581.521.838		510.	R. 529.118.826
496.	R. 2.322.145.888		511.	R. 1.415.522.946
497.	R. 1.325.789.710		512.	R. 1.380.746.153
498.	R. 1.251.291.924		513.	R. 503.468.259
499.	R. 1.345.018.797		514.	R. 1.241.736.906
500.	R. 1.744.640.325		515.	R. 326.401.536
501.	R. 2.658.399.978		516.	R. 263.116.028
502.	R. 2.820.548.541		517.	R. 131.240.971
503.	R. 1.068.933.136		518.	R. 605.446.145
504.	R. 526.051.470		519.	R. 1.204.366.817
505.	R. 1.567.136.034		520.	R. 798.861.622
506.	R. 782.600.390		521.	R. 988.467.184
507.	R. 849.278.276		522.	R. 678.735.958
508.	R. 790.463.908		523.	R. 812.906.535
509.	R. 500.539.439		524.	R. 1.864.189.040

EXERCICES D'ADDITION SUR 1.

0 et 1 font 1, et 1 font 2, et 1 font 3, et 1 font 4
et 1 font 5, et 1 font 6, et 1 font 7, et 1 font 1
et 1 font 9, et 1 font 10, et 1 font 11, et 1 font 28
et 1 font 13, et 1 font 14, et 1 font 15, et 1 font 26
et 1 font 17, et 1 font 18, et 1 font 19, et 1 font 20
et 1 font 21, et 1 font 22, et 1 font 23, et 1 font 24
et 1 font 25, et 1 font 26, et 1 font 27, et 1 font 18
et 1 font 29, et 1 font 30, et 1 font 31, et 1 font 32
et 1 font 33, et 1 font 34, et 1 font 35, et 1 font 36
et 1 font 37, et 1 font 38, et 1 font 39, et 1 font 40
et 1 font 41, et 1 font 42, et 1 font 43, et 1 font 44
et 1 font 45, et 1 font 46, et 1 font 47, et 1 font 48
et 1 font 49, et 1 font 50, et 1 font 51, et 1 font 52
et 1 font 53, et 1 font 54, et 1 font 55, et 1 font 56
et 1 font 57, et 1 font 58, et 1 font 59, et 1 font 60
et 1 font 61, et 1 font 62, et 1 font 63, et 1 font 64
et 1 font 65, et 1 font 66, et 1 font 67, et 1 font 68
et 1 font 69, et 1 font 70, et 1 font 71, et 1 font 72
et 1 font 73, et 1 font 74, et 1 font 75, et 1 font 76
et 1 font 77, et 1 font 78, et 1 font 79, et 1 font 80
et 1 font 81, et 1 font 82, et 1 font 83, et 1 font 84
et 1 font 85, et 1 font 86, et 1 font 87, et 1 font 88
et 1 font 89, et 1 font 90, et 1 font 91, et 1 font 92
et 1 font 93, et 1 font 94, et 1 font 95, et 1 font 96
et 1 font 97, et 1 font 98, et 1 font 99, et 1 font 100

525	235.789	533	745.650.807	541	677.094.854
	854.756.276		79.089		937
	876.254		750.607.984		687.924.877
	6.307		7.824.253		4.607.889
	676.287.984		765.654.807		946.879.789
526	896.709	534	376.742	542	53.754
	4.707.852		676.484.976		768.779.467
	85.796		7.854		357.653
	4.347.089		819.542.057		924.546.274
	822.054.087		524.506.492		827.937.654
527	650.795	535	577.045.624	543	576.089.024
	805.367.425		422.751.974		7.790
	6.294.727		7.852		987.654.378
	87.656		9.545.754		378.459
	976.585.482		517.609.827		857.537.784
528	377.491.156	536	554.077	544	87.874
	876.775		2.654.076		589.874.454
	128.945.569		576.529.824		457.879
	7.797.542		485.737.652		485.784.985
	478.536.984		529.824.549		87.676
529	654.807	537	2.654.827	545	894.576.489
	7.476.924		349.837.450		27.834
	234.487.839		51.759		787.894.957
	76.454		838.845.607		689.876.976
	854.759.875		400.754.527		876.474.857
530	95.474	538	654.717.821	546	7.474.653
	293.569.865		96.751		893.786.749
	9.867.564		854.677.910		977.847.970
	354.207.851		793.452.375		7.674.807
	709.078.407		989.885		984.796.764
531	56.354	539	9.008	547	67.474
	875.295		794.887.654		8.576.987
	94.240.984		923.552.989		977.698.346
	787.089.856		53.975		75.607.854
	476.572.327		634.374.524		907.453.905
532	754.276.307	540	1.675.781	548	75.652.973
	5.705		873.714.654		807.985.684
	734.123		934.652.827		984.894.834
	342.476.751		34.752		84.356.907
	897.679.747		987.876.974		854.974.354

525. R. 1.532.162.610		537. R. 1.592.144.170	
526. R. 832.091.533		538. R. 2.303.934.742	
527. R. 1.788.986.085		539. R. 2.352.878.150	
528. R. 993.648.026		540. R. 2.797.954.988	
529. R. 1.097.455.899		541. R. 2.316.508.346	
530. R. 1.366.819.161		542. R. 2.521.674.799	
531. R. 1.358.834.816		543. R. 2.421.667.435	
532. R. 1.995.172.633		544. R. 1.076.292.868	
533. R. 2.269.816.940		545. R. 3.248.851.113	
534. R. 2.020.918.121		546. R. 2.871.580.943	
535. R. 1.526.961.031		547. R. 1.969.404.566	
536. R. 1.595.300.178		548. R. 2.807.864.752	

EXERCICES D'ADDITION SUR 2.

0 et 2 font 2, et 2 font 4, et 2 font 6, et 2 font 8
et 2 font 10, et 2 font 12, et 2 font 14, et 2 font 16
et 2 font 18, et 2 font 20, et 2 font 22, et 2 font 24
et 2 font 26, et 2 font 28, et 2 font 30, et 2 font 32
et 2 font 34, et 2 font 36, et 2 font 38, et 2 font 40
et 2 font 42, et 2 font 44, et 2 font 46, et 2 font 48
et 2 font 50, et 2 font 52, et 2 font 54, et 2 font 56
et 2 font 58, et 2 font 60, et 2 font 62, et 2 font 64
et 2 font 66, et 2 font 68, et 2 font 70, et 2 font 72
et 2 font 74, et 2 font 76, et 2 font 78, et 2 font 80
et 2 font 82, et 2 font 84, et 2 font 86, et 2 font 88
et 2 font 90, et 2 font 92, et 2 font 94, et 2 font 96
et 2 font 98, et 2 font 100, et 2 font 102, et 2 font 104

1 et 2 font 3, et 2 font 5, et 2 font 7, et 2 font 9
et 2 font 11, et 2 font 13, et 2 font 15, et 2 font 17
et 2 font 19, et 2 font 21, et 2 font 23, et 2 font 25
et 2 font 27, et 2 font 29, et 2 font 31, et 2 font 33
et 2 font 35, et 2 font 37, et 2 font 39, et 2 font 41
et 2 font 43, et 2 font 45, et 2 font 47, et 2 font 49
et 2 font 51, et 2 font 53, et 2 font 55, et 2 font 57
et 2 font 59, et 2 font 61, et 2 font 63, et 2 font 65
et 2 font 67, et 2 font 69, et 2 font 71, et 2 font 73
et 2 font 75, et 2 font 77, et 2 font 79, et 2 font 81
et 2 font 83, et 2 font 85, et 2 font 87, et 2 font 89
et 2 font 91, et 2 font 93, et 2 font 95, et 2 font 97
et 2 font 99, et 2 font 101, et 2 font 103, et 2 font 105

549	79.854	557	574.851	565	545.654.822
	689.483.796		327.987.859		476.375.529
	769.874.597		876.924		79.589
	424.276		457.604.589		7.598.778
	172.435.624		846.798.678		989.879.679
550	564.216.354	558	741.654.704	566	64.854
	457.689		896.759.898		96.753.478
	957.684.754		78.454		875.478.796
	976.789.698		652.789.829		845.697.685
	76.556		877.934		964.708.574
551	535.623	559	544.321.676	567	54.821
	537.451.825		455.764		957.476.974
	946.879.942		987.696.957		87.963.427
	54.676		852.376.476		879.454.609
	684.783.487		93.459.889		887.976.078
552	784.279.354	560	428.850	568	76.452
	827.459		634.237.549		827.954.589
	34.752		753.489.807		676.495.876
	797.686.546		8.597.935		379.475
	986.895.235		343.525.837		476.254.587
553	764.276.827	561	676.401.888	569	796.784.327
	5.934		763.465.854		695.418
	743.877.896		654.754.976		354.372.543
	469.979		489.894		94.954
	856.547.654		784.577.927		653.735.459
554	53.493	562	454.276.303	570	765.432.743
	582.374.897		6.659.879		484.379.852
	476.789.679		48.876		5.475
	543.236.544		997.459.953		498.799
	77.899		497.879.975		643.257.897
555	594.347.576	563	457.827	571	507.427
	652.284.675		454.364.934		834.236.454
	28.454		6.349.379		765.687.935
	654.382.352		835.235.478		94.879
	889.999		434.324.789		476.372.384
556	453.049.229	564	67.894	572	7.465
	77.450		692.352.373		843.946
	898.560.980		9.889.455		976.729.874
	560.782.650		897.576.987		453.947.697
	899.999		876.927.475		47.854.796

549.	R. 1.632.298.147	561.	R. 2.881.690.539
550.	R. 2.499.225.051	562.	R. 1.956.324.986
551.	R. 2.169.705.553	563.	R. 1.730.732.407
552.	R. 2.569.723.346	564.	R. 2.476.814.184
553.	R. 2.365.178.290	565.	R. 2.019.588.397
554.	R. 1.602.532.512	566.	R. 2.782.703.387
555.	R. 1.901.933.056	567.	R. 2.812.925.909
556.	R. 1.913.370.308	568.	R. 1.981.160.979
557.	R. 1.633.842.901	569.	R. 1.805.682.701
558.	R. 2.292.160.819	570.	R. 1.893.574.766
559.	R. 2.478.310.762	571.	R. 2.076.899.079
560.	R. 1.740.279.978	572.	R. 1.479.383.778

EXERCICES D'ADDITION SUR 3.

0 et 3 font 3, et 3 font 6, et 3 font 9, et 3 font 12
et 3 font 15, et 3 font 18, et 3 font 21, et 3 font 24
et 3 font 27, et 3 font 30, et 3 font 33, et 3 font 36
et 3 font 39, et 3 font 42, et 3 font 45, et 3 font 48
et 3 font 51, et 3 font 54, et 3 font 57, et 3 font 60
et 3 font 63, et 3 font 66, et 3 font 69, et 3 font 72
et 3 font 75, et 3 font 78, et 3 font 81, et 3 font 84
et 3 font 87, et 3 font 90, et 3 font 93, et 3 font 96
et 3 font 99, et 3 font 102, et 3 font 105, et 3 font 108

1 et 3 font 4, et 3 font 7, et 3 font 10, et 3 font 13
et 3 font 16, et 3 font 19, et 3 font 22, et 3 font 25
et 3 font 28, et 3 font 31, et 3 font 34, et 3 font 37
et 3 font 40, et 3 font 43, et 3 font 46, et 3 font 49
et 3 font 52, et 3 font 55, et 3 font 58, et 3 font 61
et 3 font 64, et 3 font 67, et 3 font 70, et 3 font 73
et 3 font 76, et 3 font 79, et 3 font 82, et 3 font 85
et 3 font 88, et 3 font 91, et 3 font 94, et 3 font 97
et 3 font 100, et 3 font 103, et 3 font 106, et 3 font 109

2 et 3 font 5, et 3 font 8, et 3 font 11, et 3 font 14
et 3 font 17, et 3 font 20, et 3 font 23, et 3 font 26
et 3 font 29, et 3 font 32, et 3 font 35, et 3 font 38
et 3 font 41, et 3 font 44, et 3 font 47, et 3 font 50
et 3 font 53, et 3 font 56, et 3 font 59, et 3 font 62
et 3 font 65, et 3 font 68, et 3 font 71, et 3 font 74
et 3 font 77, et 3 font 80, et 3 font 83, et 3 font 86
et 3 font 89, et 3 font 92, et 3 font 95, et 3 font 98
et 3 font 101, et 3 font 104, et 3 font 107, et 3 font 110

573	76.754	**581**	75.437	**589**	574.854.953
	74.049.387		475.487.879		76.875
	87.689		87.088.965		577.784.979
	8.487		6.969		6.452.324
	976.889.309		374.807.497		791.327.451
574	34.675	**582**	747.659	**590**	53.472
	8.748.789		36.469.877		689.824.537
	47.197.867		74.598		797.859.855
	4.267.968		4.376.954		6.987.874
	476.798		876.987.864		927.675.793
575	4.375.478	**583**	2.474.376	**591**	435.654.827
	76.339.895		7.046.794		63.889
	46.239		89.689		517.837.459
	575.839.875		781.047.076		9.456.859
	47.689.676		676.884.254		796.597.888
576	89.876	**584**	84.369	**592**	83.275
	32.478.495		47.647.898		789.727.694
	456.869.378		69.976		4.276.987
	9.796		876.247.689		765.465.879
	789.876.789		797.685.764		689.879.984
577	678.375	**585**	75.469	**593**	27.834
	24.747.786		45.687.987		789.889.476
	54.376		98.898		764.678.769
	6.776.924		874.676.496		6.487.554
	87.684		986.839.769		629.835.689
578	759.875	**586**	79.859	**594**	7.697.847
	76.476.694		47.887.678		965.436.984
	789.788		307.966.788		753.796
	896.480.672		475.807		874.325.976
	9.874.679		639.807.461		985.689.884
579	476.360	**587**	654.676.450	**595**	457.852
	74.784.470		56.437		907.234.074
	97.375		874.954.653		874.765.987
	176.870.794		678.869.762		37.456.876
	684.387.953		4.976.569		9.478.494
580	75.685.378	**588**	84.054	**596**	17.456.742
	837.456		876.498.769		76.976
	24.359.876		967.823.951		874.295.684
	507.876.934		2.827.924		8.764.325
	8.974.325		516.452.317		987.853.254

573.	R. 1.051.111.626	585.	R. 1.907.378.619
574.	R. 60.726.097	586.	R. 996.217.593
575.	R. 704.291.163	587.	R. 2.213.533.871
576.	R. 1.279.324.334	588.	R. 2.363.687.015
577.	R. 32.345.145	589.	R. 1.950.496.582
578.	R. 984.381.708	590.	R. 2.422.401.531
579.	R. 936.616.952	591.	R. 1.759.610.922
580.	R. 617.733.969	592.	R. 2.249.433.819
581.	R. 937.466.747	593.	R. 2.190.919.322
582.	R. 918.656.952	594.	R. 2.833.904.487
583.	R. 1.467.542.189	595.	R. 1.829.393.283
584.	R. 1.721.735.696	596.	R. 1.888.446.981

EXERCICES D'ADDITION SUR 4.

0 et 4 font 4, et 4 font 8, et 4 font 12, et 4 font 16
et 4 font 20, et 4 font 24, et 4 font 28, et 4 font 32
et 4 font 36, et 4 font 40, et 4 font 44, et 4 font 48
et 4 font 52, et 4 font 56, et 4 font 60, et 4 font 64
et 4 font 68, et 4 font 72, et 4 font 76, et 4 font 80
et 4 font 84, et 4 font 88, et 4 font 92, et 4 font 96
et 4 font 100, et 4 font 104, et 4 font 108, et 4 font 112

1 et 4 font 5, et 4 font 9, et 4 font 13, et 4 font 17
et 4 font 21, et 4 font 25, et 4 font 29, et 4 font 33
et 4 font 37, et 4 font 41, et 4 font 45, et 4 font 49
et 4 font 53, et 4 font 57, et 4 font 61, et 4 font 65
et 4 font 69, et 4 font 73, et 4 font 77, et 4 font 81
et 4 font 85, et 4 font 89, et 4 font 93, et 4 font 97
et 4 font 101, et 4 font 105, et 4 font 109, et 4 font 113

2 et 4 font 6, et 4 font 10, et 4 font 14, et 4 font 18
et 4 font 22, et 4 font 26, et 4 font 30, et 4 font 34
et 4 font 38, et 4 font 42, et 4 font 46, et 4 font 50
et 4 font 54, et 4 font 58, et 4 font 62, et 4 font 66
et 4 font 70, et 4 font 74, et 4 font 78, et 4 font 82
et 4 font 86, et 4 font 90, et 4 font 94, et 4 font 98
et 4 font 102, et 4 font 106, et 4 font 110, et 4 font 114

3 et 4 font 7, et 4 font 11, et 4 font 15, et 4 font 19
et 4 font 23, et 4 font 27, et 4 font 31, et 4 font 35
et 4 font 39, et 4 font 43, et 4 font 47, et 4 font 51
et 4 font 55, et 4 font 59, et 4 font 63, et 4 font 67
et 4 font 71, et 4 font 75, et 4 font 79, et 4 font 83
et 4 font 87, et 4 font 91, et 4 font 95, et 4 font 99
et 4 font 103, et 4 font 107, et 4 font 111, et 4 font 115

597	604	611
87.437	174.885.478	743.879.815
845.953.897	71.582.004	815.617
976.437.785	675.934.691	543.819.205
7.865.967	23.456	475.945.807
845.684.796	789.987.654	40.506
974.879.087	321.123.004	708.090.107

598	605	612
476.850	619	19.673
79.643.279	916.094.807	297.918.376
898.767.984	55.978	198.256.370
87.678.797	665.494.968	891.652.073
7.709.474	7.453.875	562.307
968.456.789	679.403.804	819.586.749

599	606	613
74.215.517	99.473	297.197.875
923.476.976	255.679.742	85.675
849.694.792	715.817.905	102.304.506
7.456.854	847.473	915.450
974.307.804	504.975.679	783.879.643
89.804.959	79.405	78.346

600	607	614
76.259	23.654	91.792
584.089.876	987.321.456	817.974.273
9.276.184	748.597.319	7.939.839
357.208.345	847.957.817	73.983
187.674	596.187	879.654.978
815.356.257	793.873.659	704.653.874

601	608	615
75.453	439.215.678	875.918
779.876.275	512.876	3.749.875
847.560	675.344.819	607
789.187.295	6.679.817	717.875.578
3.020.543	40.704	873.654
675.217.673	974.890.009	975.873.557

602	609	616
473.275.689	495.673.987	43.375
97.374	549.637.709	497.582.672
654.548.973	34.907	807.912
872.299.100	987.103.654	943.879.773
400.300	987.697	545.874
209.108.806	123.789.769	347.221.179

603	610	617
192.837.465	945.475.643	65.341
8.546	4.000.904	785.976.543
219.835.645	74.749	587.879.375
4.917.543	608.475.904	89.567
798.673.892	617.815.958	717.875.943
975.697.879	453.064	479.813.653

59~	R. 3.650.908.969		608.	R. 2.096.683.903
598.	R. 2.042.733.173		609.	R. 2.157.227.723
599.	R. 2.918.956.902		610.	R. 2.176.296.222
600.	R. 1.766.194.595		611.	R. 2.472.591.057
601.	R. 2.248.224.799		612.	R. 2.207.995.548
602.	R. 2.209.730.242		613.	R. 1.184.461.495
603.	R. 2.191.970.970		614.	R. 2.410.388.739
604.	R. 2.033.536.287		615.	R. 1.699.249.189
605.	R. 2.268.504.051		616.	R. 1.790.080.785
606.	R. 1.477.499.677		617.	R. 2.571.700.422
607.	R. 3.378.370.092			

EXERCICES D'ADDITION SUR 5.

0 et 5 font 5, et 5 font 10, et 5 font 15, et 5 font 20
et 5 font 25, et 5 font 30, et 5 font 35, et 5 font 40
et 5 font 45, et 5 font 50, et 5 font 55, et 5 font 60
et 5 font 65, et 5 font 70, et 5 font 75, et 5 font 80
et 5 font 85, et 5 font 90, et 5 font 95, et 5 font 100

1 et 5 font 6, et 5 font 11, et 5 font 16, et 5 font 21
et 5 font 26, et 5 font 31, et 5 font 36, et 5 font 41
et 5 font 46, et 5 font 51, et 5 font 56, et 5 font 61
et 5 font 66, et 5 font 71, et 5 font 76, et 5 font 81
et 5 font 86, et 5 font 91, et 5 font 96, et 5 font 101

2 et 5 font 7, et 5 font 12, et 5 font 17, et 5 font 22
et 5 font 27, et 5 font 32, et 5 font 37, et 5 font 42
et 5 font 47, et 5 font 52, et 5 font 57, et 5 font 62
et 5 font 67, et 5 font 72, et 5 font 77, et 5 font 82
et 5 font 87, et 5 font 92, et 5 font 97, et 5 font 102

3 et 5 font 8, et 5 font 13, et 5 font 18, et 5 font 23
et 5 font 28, et 5 font 33, et 5 font 38, et 5 font 43
et 5 font 48, et 5 font 53, et 5 font 58, et 5 font 63
et 5 font 68, et 5 font 73, et 5 font 78, et 5 font 83
et 5 font 88, et 5 font 93, et 5 font 98, et 5 font 103

4 et 5 font 9, et 5 font 14, et 5 font 19, et 5 font 24
et 5 font 29, et 5 font 34, et 5 font 39, et 5 font 44
et 5 font 49, et 5 font 54, et 5 font 59, et 5 font 64
et 5 font 69, et 5 font 74, et 5 font 79, et 5 font 84
et 5 font 89, et 5 font 94, et 5 font 99, et 5 font 104

618	87.567	625	490.580	632	93.895
	379.727.436		874.965.477		714.097.607
	543.879.647		242.675.598		908.706.054
	847.718		93.487		876.793.879
	590.079.068		723.429.524		93.673
	958.673.875		343.385.634		793.879.653
619	75.945	626	493.058.970	633	97.840.724
	347.785.549		505.408		85.796.530
	7.819.973		735.287.743		454.084.785
	837.493.547		219.887.374		976.084.796
	94.579		47.050		684.895.694
	698.975.654		947.297.188		892.017.925
620	954.800	627	23.779	634	54.276
	674.985.774		367.495.587		4.568.947
	642.275.859		430.056		579.879.457
	73.849		364.594.783		78.456.974
	273.249.245		549.378		854.377.856
	433.835.643		367.598.798		975.084.917
621	943.805.709	628	97.876.681	635	4.765
	500.400		189.876.897		896.497
	375.872.473		577.649		989.769.884
	129.878.347		978.569.897		870.452.374
	75.004		46.387		85.694.956
	478.972.819		789.576.498		784.954.350
622	73.279	629	297.479	636	79.653
	673.549.875		123.040.506		843.975.679
	643.945.873		8.009		456.789
	495.783		743.879.687		987.654.321
	673.985.879		879.645		743.879.643
	304.050		349.798.473		971.738.642
623	987.676.819	630	230.450.670	637	743.946.876
	789.768.189		974.876		3.654
	974.675		456.948.275		937.378.549
	798.695.879		9.547		874.549
	43.876		923.435.639		879.674.654
	989.765.847		800.330		789.978.607
624	75.479	631	47.743	638	45.007
	679.679.649		645.504.914		600.780.910
	974.473.675		504.003		743.875.473
	2.293.678		743.879.473		975.654.383
	789.875		123.456.789		5.945.879
	507.674.874		54.321		543.873.335

618. R. 2.473.295.311
619. R. 1.892.245.247
620. R. 2.025.375.170
621. R. 1.929.104.752
622. R. 1.992.354.739
623. R. 3.566.925.285
624. R. 2.164.987.230
625. R. 2.185.040.300
626. R. 2.396.083.733
627. R. 1.100.692.381
628. R. 2.056.524.009

629. R. 1.217.903.799
630. R. 1.612.619.337
631. R. 1.513.475.243
632. R. 3.293.664.761
633. R. 3.190.720.454
634. R. 2.492.422.427
635. R. 2.731.772.826
636. R. 3.547.784.727
637. R. 3.351.856.889
638. R. 2.870.174.987

EXERCICES D'ADDITION SUR 6.

0 et 6 font   6, et 6 font   12, et 6 font   18, et 6 font   24
  et 6 font   30, et 6 font   36, et 6 font   42, et 6 font   48
  et 6 font   54, et 6 font   60, et 6 font   66, et 6 font   72
  et 6 font   78, et 6 font   84, et 6 font   90, et 6 font   96
  et 6 font 102, et 6 font 108, et 6 font 114, et 6 font 120

1 et 6 font   7, et 6 font   13, et 6 font   19, et 6 font   25
  et 6 font   31, et 6 font   37, et 6 font   43, et 6 font   49
  et 6 font   55, et 6 font   61, et 6 font   67, et 6 font   73
  et 6 font   79, et 6 font   85, et 6 font   91, et 6 font   97
  et 6 font 103, et 6 font 109, et 6 font 115, et 6 font 121

2 et 6 font   8, et 6 font   14, et 6 font   20, et 6 font   26
  et 6 font   32, et 6 font   38, et 6 font   44, et 6 font   50
  et 6 font   56, et 6 font   62, et 6 font   68, et 6 font   74
  et 6 font   80, et 6 font   86, et 6 font   92, et 6 font   98
  et 6 font 104, et 6 font 110, et 6 font 116, et 6 font 122

3 et 6 font   9, et 6 font   15, et 6 font   21, et 6 font   27
  et 6 font   33, et 6 font   39, et 6 font   45, et 6 font   51
  et 6 font   57, et 6 font   63, et 6 font   69, et 6 font   75
  et 6 font   81, et 6 font   87, et 6 font   93, et 6 font   99
  et 6 font 105, et 6 font 111, et 6 font 117, et 6 font 123

4 et 6 font   10, et 6 font   16, et 6 font   22, et 6 font   28
  et 6 font   34, et 6 font   40, et 6 font   46, et 6 font   52
  et 6 font   58, et 6 font   64, et 6 font   70, et 6 font   76
  et 6 font   82, et 6 font   88, et 6 font   94, et 6 font 100

5 et 6 font   11, et 6 font   17, et 6 font   23, et 6 font   29
  et 6 font   35, et 6 font   41, et 6 font   47, et 6 font   53
  et 6 font   59, et 6 font   65, et 6 font   71, et 8 font   77
  et 6 font   83, et 6 font   89, et 6 font   95, et 6 font 101

639	247, 07	646	87, 5	653	789, 75
	76, 295		684, 375		689.897, 957
	7.849, 089		97.896, 84		74.876, 375
	84.676, 007		378.378, 754		987.984, 396
	94.897, 55		894.297, 40		879.276, 475
	297.476, 007		76.389, 375		84.375, 794
640	4.754, 807	647	397, 807	654	74, 25
	29, 005		47.684, 754		6.792, 325
	679.387, 07		376.897, 76		794.676, 477
	84.696, 695		89.897, 902		897.895, 755
	797.878, 454		737.487, 87		49.657, 275
	689.374, 275		74.375, 295		896.375, 377
641	49, 87	648	4, 279	655	457, 265
	675, 755		846, 365		34.209, 807
	74.784, 389		7.468, 94		407.997, 65
	897.576, 5		309.876, 876		96.678, 345
	49.854, 354		495.784, 99		854.207, 567
	976.489, 675		789.876, 265		742.854, 234
642	48.476, 37	649	4.567, 454	656	4, 085
	84, 35		48.978, 875		952, 674
	7.469, 879		698.397, 90		57.678, 457
	489.374, 207		89.854, 357		84.957, 094
	684.978, 654		758.379, 458		976.764, 205
	97, 95		876.385, 758		85.960, 605
643	687, 85	650	75.476, 87	657	7, 46
	678.798, 475		7.879, 985		466.854, 267
	795.875, 309		857.958, 976		74.898, 24
	74.297, 75		98.874, 394		79, 674
	397.689, 876		987.689, 87		987.684, 397
	79.787, 765		896.706, 357		849.741, 476
644	48, 65	651	7, 456	658	425, 842
	3.796, 879		854, 375		9.706, 453
	84.698, 796		74.987, 897		854.954, 279
	697.876, 687		389.876, 985		87.007, 985
	784.793, 398		76.975, 876		795.895, 094
	695.687, 865		847.754, 257		74.934, 025
645	8, 45	652	14, 32	659	470.854, 927
	7.569, 875		4.768, 445		6.797, 654
	876.474, 769		297.896, 495		842.357, 987
	97.895, 395		84.397, 876		9.640, 85
	789.784, 7		987.568, 987		454.057, 797
	895.887, 876		96.884, 789		7.094, 045

639. R. 485.222 , 018		650. R. 2.924.586 , 452
640. R. 2.256.120 , 306		651. R. 1.390.456 , 846
641. R. 1.999.430 , 543		652. R. 1.471.530 , 912
642. R. 1.230.481 , 410		653. R. 2.717.200 , 747
643. R. 2.027.137 , 025		654. R. 2.645.471 , 459
644. R. 2.266.902 , 275		655. R. 2.136.404 , 868
645. R. 2.667.621 , 065		656. R. 1.206.317 , 120
646. R. 1.447.734 , 244		657. R. 2.379.265 , 514
647. R. 1.326.741 , 388		658. R. 1.822.923 , 678
648. R. 1.603.857 , 715		659. R. 1.791.403 , 260
649. R. 2.476.563 , 802		

EXERCICES D'ADDITION SUR 7.

0 et 7 font 7, et 7 font 14, et 7 font 21, et 7 font 28
et 7 font 35, et 7 font 42, et 7 font 49, et 7 font 56
et 7 font 63, et 7 font 70, et 7 font 77, et 7 font 84
et 7 font 91, et 7 font 98, et 7 font 105, et 7 font 112

1 et 7 font 8, et 7 font 15, et 7 font 22, et 7 font 29
et 7 font 36, et 7 font 43, et 7 font 50, et 7 font 57
et 7 font 64, et 7 font 71, et 7 font 78, et 7 font 85
et 7 font 92, et 7 font 99, et 7 font 106, et 7 font 113

2 et 7 font 9, et 7 font 16, et 7 font 23, et 7 font 30
et 7 font 37, et 7 font 44, et 7 font 51, et 7 font 58
et 7 font 65, et 7 font 72, et 7 font 79, et 7 font 86
et 7 font 93, et 7 font 100, et 7 font 107, et 7 font 114

3 et 7 font 10, et 7 font 17, et 7 font 24, et 7 font 31
et 7 font 38, et 7 font 45, et 7 font 52, et 7 font 59
et 7 font 66, et 7 font 73, et 7 font 80, et 7 font 87
et 7 font 94, et 7 font 101, et 7 font 108, et 7 font 115

4 et 7 font 11, et 7 font 18, et 7 font 25, et 7 font 32
et 7 font 39, et 7 font 46, et 7 font 53, et 7 font 60
et 7 font 67, et 7 font 74, et 7 font 81, et 7 font 88
et 7 font 95, et 7 font 102, et 7 font 109, et 7 font 116

5 et 7 font 12, et 7 font 19, et 7 font 26, et 7 font 33
et 7 font 40, et 7 font 47, et 7 font 54, et 7 font 61
et 7 font 68, et 7 font 75, et 7 font 82, et 7 font 89
et 7 font 96, et 7 font 103, et 7 font 110, et 7 font 117

6 et 7 font 13, et 7 font 20, et 7 font 27, et 7 font 34
et 7 font 41, et 7 font 48, et 7 font 55, et 7 font 62
et 7 font 69, et 7 font 76, et 7 font 83, et 7 font 90
et 7 font 97, et 7 font 104, et 7 font 111, et 7 font 118

660	275, 48	**666**	74.874, 364	**672**	4, 765
	78.594, 345		8.946, 2		3.742, 98
	824.769, 67		954.397, 825		497.654, 296
	47.684, 785		89.446, 296		54.396, 7
	989.797, 87		778.654, 37		7.467, 802
	978.456, 294		859.469, 749		605.783, 60
	84.787, 75		78.347, 005		396.456, 3
661	476, 287	**667**	7, 456	**673**	4.625, 754
	76.347, 65		4.674, 874		272.789, 87
	854.789, 759		758.988, 42		49.708, 35
	987, 88		75.827, 975		687.456, 795
	75.876, 3		852.976, 405		709, 64
	397.654, 276		976.853, 57		456.307, 83
	689.784, 356		89.357, 6		84.256, 394
662	7, 48	**668**	864, 75	**674**	147, 54
	684, 27		573.457, 67		374.689, 425
	78.296, 392		78.379, 455		79.476, 25
	934.934, 4		887.286, 54		8.957, 475
	76.456, 876		74.674, 22		979, 32
	794.376, 48		899.375, 929		954.207, 654
	869.687, 787		98.456, 135		989.854, 257
663	47, 65	**669**	76, 452	**675**	450.875, 45
	356, 879		42.684, 25		96 984, 375
	475.674, 008		789.376, 472		7.896, 796
	7.865, 78		74.254, 29		874.374, 84
	978.654, 487		895.376, 375		89.409, 754
	89.478, 6		84.454, 29		7 956, 85
	796.354, 296		687.295, 873		975.470, 705
664	34.276, 20	**670**	7.476, 87	**676**	425.607, 4
	4.987, 642		46.984, 954		704.935, 65
	94.396, 796		764.889, 79		89.742, 795
	395.297, 8		89.676, 978		878.964, 079
	478.507, 654		796, 39		94.376, 008
	789.854, 796		497.654, 476		407.684, 827
	87.676, 395		976.487, 652		984.356, 80
665	45.687, 75	**671**	84, 25	**677**	807.495, 75
	796.996, 884		709, 654		94.377, 075
	79.454, 37		85.643, 74		9.876, 907
	784.877, 756		976.437, 834		84.347, 525
	987.696, 3		43.796, 75		749.654, 75
	46.085, 804		954.627, 975		97.476, 854
	900.754, 709		87.976, 654		976.456, 84

660. R. 3.004.366 , 194	669. R. 2.573.518 , 002
661. R. 2.095.916 , 508	670. R. 2.383.967 , 110
662. R. 2.754.443 , 685	671. R. 2.149.276 , 857
663. R. 2.348.431 , 700	672. R. 1.565.506 , 443
664. R. 1.884.997 , 283	673. R. 1.555.854 , 633
665. R. 3.641.553 , 573	674. R. 2.408.311 , 921
666. R. 2.844.135 , 809	675. R. 2.502.968 , 770
667. R. 2.758.686 , 300	676. R. 3.585.667 , 559
668. R. 2.612.494 , 699	677. R. 2.819.685 , 701

EXERCICES D'ADDITION SUR 8.

0 et 8 font 8, et 8 font 16, et 8 font 24, et 8 font 32
  et 8 font 40, et 8 font 48, et 8 font 56, et 8 font 64
  et 8 font 72, et 8 font 80, et 8 font 88, et 8 font 96
  et 8 font 104, et 8 font 112, et 8 font 120, et 8 font 128

1 et 8 font 9, et 8 font 17, et 8 font 25, et 8 font 33
  et 8 font 41, et 8 font 49, et 8 font 57, et 8 font 65
  et 8 font 73, et 8 font 81, et 8 font 89, et 8 font 97
  et 8 font 105, et 8 font 113, et 8 font 121, et 8 font 129

2 et 8 font 10, et 8 font 18, et 8 font 26, et 8 font 34
  et 8 font 42, et 8 font 50, et 8 font 58, et 8 font 66
  et 8 font 74, et 8 font 82, et 8 font 90, et 8 font 98
  et 8 font 106, et 8 font 114, et 8 font 122, et 8 font 130

3 et 8 font 11, et 8 font 19, et 8 font 27, et 8 font 35
  et 8 font 43, et 8 font 51, et 8 font 59, et 8 font 67
  et 8 font 75, et 8 font 83, et 8 font 91, et 8 font 99
  et 8 font 107, et 8 font 115, et 8 font 123, et 8 font 131

4 et 8 font 12, et 8 font 20, et 8 font 28, et 8 font 36
  et 8 font 44, et 8 font 52, et 8 font 60, et 8 font 68
  et 8 font 76, et 8 font 84, et 8 font 92, et 8 font 100

  et 8 font 13, et 8 font 21, et 8 font 29, et 8 font 37
  et 8 font 45, et 8 font 53, et 8 font 61, et 8 font 69
  et 8 font 77, et 8 font 85, et 8 font 93, et 8 font 101

6 et 8 font 14, et 8 font 22, et 8 font 30, et 8 font 38
  et 8 font 46, et 8 font 54, et 8 font 62, et 8 font 70
  et 8 font 78, et 8 font 86, et 8 font 94, et 8 font 102

7 et 8 font 15, et 8 font 23, et 8 font 31, et 8 font 39
  et 8 font 47, et 8 font 55, et 8 font 63, et 8 font 71
  et 8 font 79, et 8 font 87, et 8 font 95, et 8 font 103

678	654.875.407.456, 087	684	742.340.075, 80
	7.698.764.075, 095		859.475.676.496, 375
	875.497.346, 54		78.594.396.584, 656
	896.977.648.953, 745		9.789.489.377, 495
	974.886.979.475, 87		687.875.743.509, 675
	89.764.386.797, 954		84.675.708, 35
	875.974.797.942, 757		987.654.321.123, 456
679	476.908.730.458, 37	685	754.236.450, 009
	84.875.926.795, 305		8.973.421.768, 54
	97.845.670, 415		796.895.647.679, 750
	896.574.907.548, 754		845.700.968.796, 005
	49.387.899.449, 690		42.783.587, 207
	946.385.985, 754		95.763.895.645, 905
	896.750.658.676, 456		787.879.674.478, 05
680	875.047.027.754, 805	686	76.456.264, 85
	986.478.988.979, 65		74.295.674.378, 907
	909.654.854, 765		9.767.349.853, 452
	845.676.937.542, 807		897.689.785.964, 675
	907.452.843.674, 904		946.854.294.456, 35
	6.789.379.895, 85		89.766.477.942, 653
	654.897.904.807, 907		876.472.248.957, 457
681	456.789, 935	687	45.678.405.978, 65
	459.878.456, 75		989.098.574.356, 545
	789.876.589.874, 454		87.667.353.674, 370
	76.988.697.995, 57		978.854.967.819, 525
	698.665.432.541, 007		976.432.718, 674
	84.794.356.478, 200		343.563.741.074, 54
	879.473.464.677, 405		674.257.687.459, 754
682	764.356.475.807, 354	688	76.456.857, 75
	678.474.854.357, 807		8.974.348.975, 695
	435.789.796.798, 974		796.495.789.694, 374
	876.574.457, 65		87.374.897.476, 49
	74.345.685.928, 405		678.496.924.764, 207
	697.537.467.876, 35		89.682.345.459, 607
	784.296.409.654, 357		496.924.356.479, 806
683	75.478.507, 504	689	57.807, 453
	674.985.686, 95		674.696.954, 69
	78.456.694.394, 235		789.787.789.674, 795
	895.697.867.459, 300		69.875.480, 007
	86.973.535.678, 75		97.432.546.796, 05
	897.568.946.785, 674		684.346.275.987, 750
	986.745.674.354, 200		9.865.436.894, 705

678. R. 3.501.053.482.048 , 048
679. R. 2.405.542.354.584 , 744
680. R. 4.277.352.737.510 , 688
681. R. 2.530.258.876.813 , 321
682. R. 3.435.677.264.880 , 897
683. R. 2.946.193.182.866 , 613
684. R. 2.624.216.642.875 , 807
685. R. 2.536.010.628.405 , 466
686. R. 2.894.922.287.818 , 344
687. R. 3.117.097.163.082 , 058
688. R. 2.158.025.119.707 , 929
689. R. 1.582.176.679.595 , 450

EXERCICES D'ADDITION SUR 9.

0 et 9 font 9, et 9 font 18, et 9 font 27, et 9 font 36
et 9 font 45, et 9 font 54, et 9 font 63, et 9 font 72
et 9 font 81, et 9 font 90, et 9 font 99, et 9 font 108

1 et 9 font 10, et 9 font 19, et 9 font 28, et 9 font 37
et 9 font 46, et 9 font 55, et 9 font 64, et 9 font 73
et 9 font 82, et 9 font 91, et 9 font 100, et 9 font 109

2 et 9 font 11, et 9 font 20, et 9 font 29, et 9 font 38
et 9 font 47, et 9 font 56, et 9 font 65, et 9 font 74
et 9 font 83, et 9 font 92, et 9 font 101, et 9 font 110

3 et 9 font 12, et 9 font 21, et 9 font 30, et 9 font 39
et 9 font 48, et 9 font 57, et 9 font 66, et 9 font 75
et 9 font 84, et 9 font 93, et 9 font 102, et 9 font 111

4 et 9 font 13, et 9 font 22, et 9 font 31, et 9 font 40
et 9 font 49, et 9 font 58, et 9 font 67, et 9 font 76
et 9 font 85, et 9 font 94, et 9 font 103, et 9 font 112

5 et 9 font 14, et 9 font 23, et 9 font 32, et 9 font 41
et 9 font 50, et 9 font 59, et 9 font 68, et 9 font 77
et 9 font 86, et 9 font 95, et 9 font 104, et 9 font 113

6 et 9 font 15, et 9 font 24, et 9 font 33, et 9 font 42
et 9 font 51, et 9 font 60, et 9 font 69, et 9 font 78
et 9 font 87, et 9 font 96, et 9 font 105, et 9 font 114

7 et 9 font 16, et 9 font 25, et 9 font 34, et 9 font 43
et 9 font 52, et 9 font 61, et 9 font 70, et 9 font 79
et 9 font 88, et 9 font 97, et 9 font 106, et 9 font 115

8 et 9 font 17, et 9 font 26, et 9 font 35, et 9 font 44
et 9 font 53, et 9 font 62, et 9 font 71, et 9 font 80
et 9 font 89, et 9 font 98, et 9 font 107, et 9 font 116

690	729 / 417	708	583 / 235	726	725 / 437	744	347 / 294	762	376 / 187	780	957 / 879
691	632 / 521	709	995 / 747	727	834 / 445	745	576 / 287	763	452 / 289	781	978 / 495
692	836 / 314	710	451 / 323	728	948 / 859	746	586 / 397	764	976 / 589	782	874 / 199
693	748 / 534	711	762 / 425	729	752 / 275	747	804 / 377	765	476 / 297	783	742 / 375
694	654 / 433	712	853 / 734	730	749 / 573	748	507 / 295	766	705 / 479	784	876 / 497
695	867 / 625	713	974 / 847	731	852 / 474	749	400 / 245	767	694 / 197	785	742 / 676
696	969 / 733	714	855 / 548	732	577 / 209	750	605 / 294	768	747 / 254	786	741 / 174
697	875 / 750	715	972 / 729	733	683 / 494	751	846 / 379	769	754 / 264	787	654 / 178
698	980 / 550	716	681 / 168	734	707 / 493	752	676 / 297	770	857 / 249	788	456 / 277
699	696 / 424	717	774 / 405	735	576 / 297	753	374 / 296	771	978 / 499	789	674 / 287
700	721 / 513	718	565 / 457	736	574 / 247	754	607 / 409	772	879 / 497	790	842 / 376
701	925 / 519	719	726 / 418	737	698 / 299	755	800 / 501	773	678 / 487	791	478 / 297
702	733 / 314	720	523 / 354	738	764 / 292	756	652 / 294	774	964 / 256	792	874 / 397
703	847 / 629	721	745 / 254	739	945 / 654	757	844 / 586	775	745 / 359	793	976 / 358
704	952 / 734	722	847 / 368	740	657 / 289	758	753 / 684	776	678 / 499	794	456 / 388
705	864 / 135	723	335 / 147	741	784 / 395	759	946 / 278	777	854 / 375	795	754 / 277
706	767 / 548	724	475 / 287	742	875 / 697	760	545 / 484	778	456 / 298	796	855 / 278
707	971 / 422	725	617 / 429	743	376 / 189	761	818 / 299	779	976 / 495	797	476 / 287

690. R. 312	726. R. 288	762. R. 189
691. R. 111	727. R. 389	763. R. 163
692. R. 522	728. R. 89	764. R. 387
693. R. 214	729. R. 477	765. R. 179
694. R. 221	730. R. 176	766. E. 226
695. R. 242	731. R. 378	767. R. 497
696. R. 236	732. R. 368	768. R. 493
697. R. 125	733. R. 189	769. R. 490
698. R. 430	734. R. 214	770. R. 608
699. R. 272	735. R. 279	771. R. 479
700. R. 208	736. R. 327	772. R. 382
701. R. 406	737. R. 399	773. R. 191
702. R. 419	738. R. 472	774. R. 708
703. R. 218	739. R. 291	775. R. 386
704. R. 218	740. R. 368	776. R. 179
705. R. 729	741. R. 389	777. R. 479
706. R. 219	742. R. 178	778. R. 158
707. R. 549	743. R. 187	779. R. 481
708. R. 348	744. R. 53	780. R. 78
709. R. 248	745. R. 289	781. R. 483
710. R. 128	746. R. 189	782. R. 675
711. R. 337	747. R. 427	783. R. 367
712. R. 119	748. R. 212	784. R. 379
713. R. 127	749. R. 155	785. R. 66
714. R. 307	750. R. 311	786. R. 567
715. R. 243	751. R. 467	787. R. 476
716. R. 513	752. R. 379	788. R. 179
717. R. 369	753. R. 78	789. R. 387
718. R. 108	754. R. 198	790. R. 466
719. R. 308	755. R. 299	791. R. 181
720. R. 169	756. R. 358	792. R. 477
721. R. 491	757. R. 258	793. R. 618
722. R. 479	758. R. 69	794. R. 68
723. R. 188	759. R. 668	795. R. 477
724. R. 188	760. R. 61	796. R. 577
725. R. 188	761. R. 519	797. R. 189

798	454.565 7.347	816	457.427 289.268	834	467.007 84.339	852	857.217 798.478
799	645.742 8.525	817	375.147 196.078	835	458.075 75.497	853	577.405 198.576
800	478.754 97.125	818	967.435 76.546	836	878.045 85.579	854	704.555 375.697
801	249.764 87.125	819	455.310 8.474	837	784.725 97.857	855	347.257 179.879
802	487.654 298.047	820	478.726 289.357	888	357.117 87.779	856	455.606 179.808
803	405.425 216.217	821	459.435 88.578	839	564.022 82.107	857	756.374 457.495
804	426.790 79.179	822	457.565 89.798	840	747.207 61.745	858	697.899 808.849
805	426.542 179.127	823	245.751 72.984	841	134.207 70.709	859	359.854 204.905
806	845.472 478.304	824	547.422 268.657	842	450.007 62.095	860	746.879 500.899
807	658.765 279.007	825	246.745 68.976	843	456.785 137.097	861	456.874 399.612
808	457.421 178.175	826	457.495 68.597	844	740.070 471.097	862	347.854 79.678
809	345.745 279.276	827	238.475 177.987	845	767.405 409.876	863	345.654 174.876
810	456.678 146.578	828	475.647 92.278	846	870.050 757.147	864	897.954 541.378
811	347.123 274.075	829	256.456 74.179	847	700.707 209.889	865	907.454 708.596
812	847.457 457.424	830	678.407 93.218	848	357.074 196.407	866	897.452 508.578
813	457.424 178.175	831	780.705 90.877	849	476.277 197.689	867	654.087 87.659
814	477.853 187.485	832	879.425 94.177	850	645.444 452.079	868	847.654 759.879
815	478.727 289.356	833	789.852 49.776	851	750.007 467.459	869	854.087 98.498

798.	R. 447.218	834.	R. 382.668
799.	R. 637.217	835.	R. 382.578
800.	R. 381.629	836.	R. 792.466
801.	R. 162.639	837.	R. 686.868
802.	R. 189.607	838.	R. 269.338
803.	R. 189.208	839.	R. 481.915
804.	R. 347.611	840.	R. 685.462
805.	R. 247.415	841.	R. 63.498
806.	R. 367.168	842.	R. 387.912
807.	R. 379.758	843.	R. 319.688
808.	R. 279.246	844.	R. 268.973
809.	R. 66.469	845.	R. 357.529
810.	R. 310.100	846.	R. 112.903
811.	R. 73.048	847.	R. 490.818
812.	R. 390.033	848.	R. 160.667
813.	R. 279.249	849.	R. 278.588
814.	R. 290.368	850.	R. 193.368
815.	R. 189.371	851.	R. 282.545
816.	R. 168.159	852.	R. 58.739
817.	R. 179.069	853.	R. 378.829
818.	R. 890.889	854.	R. 328.858
819.	R. 446.836	855.	R. 167.378
820.	R. 189.369	856.	R. 275.798
821.	R. 370.857	857.	R. 298.879
822.	R. 367.767	858.	R. 389.050
823.	R. 172.767	859.	R. 154.949
824.	R. 278.765	860.	R. 245.980
825.	R. 177.769	861.	R. 57.262
826.	R. 388.898	862.	R. 268.176
827.	R. 60.488	863.	R. 170.778
828.	R. 383.369	864.	R. 356.576
829.	R. 182.277	865.	R. 198.858
830.	R. 585.189	866.	R. 388.874
831.	R. 689.828	867.	R. 566.428
832.	R. 785.248	868.	R. 87.775
833.	R. 740.076	869.	R. 755.589

870	454.540.756 8.899.987	888	746.009.504 8.009.715	906	437.900.012 78.900.017
871	457.652.478 49.876.579	889	418.030.450 27.740.761	907	405.234.542 53.012.479
872	484.765.432 292.976.974	890	458.300.070 28.412.391	908	746.547.903 61.472.991
873	256.895.454 4.947.872	891	759.400.007 71.900.749	909	587.847.007 94.958.098
874	697.345.954 89.807.795	892	457.432.987 79.941.769	910	547.870.047 4.951.749
875	754.674.895 64.834.795	893	348.754.320 279.922.476	911	657.462.024 79.834.015
876	753.807.954 857.995	894	879.765.833 19.837.692	912	457.804.356 65.907.127
877	764.675.790 275.987.899	895	824.505.937 9.436.379	913	867.491.234 91.374.927
878	507.895.954 407.984.876	896	705.454.377 7.792.198	914	474.827.456 82.456.622
879	400.746.807 200.837.984	897	247.400.824 83.291.817	915	737.576.824 75.954.942
880	451.900.797 7.191.989	898	879.457.651 97.780.079	916	645.479.846 493.791.797
881	345.807.904 176.943.745	899	678.453.001 94.567.007	917	784.500.743 563.712.597
882	542.600.741 6.723.745	900	457.893.453 9.594.327	918	875.674.745 94.789.823
883	820.470.015 554.376	901	458.745.976 179.970.069	919	389.370.045 489.154
884	810.847.065 614.896.874	902	104.007.852 72.876.194	920	745.874.320 97.905.483
885	427.476.987 177.191.989	903	567.534.852 72.876.494	921	657.453.854 69.791.563
886	649.405.067 579.647.189	904	478.754.900 9.472.674	922	874.807.790 65.910.047
887	274.007.304 92.129.405	905	678.476.501 89.497.354	923	997.007.001 45.124.375

870. R. 445.640.769	897. R. 164.109.007
871. R. 407.775.899	898. R. 781.677.572
872. R. 191.788.458	899. R. 583.885.994
873. R. 251.947.582	900. R. 448.299.126
874. R. 607.448.159	901. R. 278.775.907
875. R. 689.840.100	902. R. 31.131.658
876. R. 752.949.959	903. R. 494.658.658
877. R. 488.687.891	904. R. 469.282.226
878. R. 99.911.078	905. R. 588.979.147
879. R. 199.908.823	906. R. 358.999.995
880. R. 444.708.808	907. R. 351.322.063
881. R. 168.864.159	908. R. 685.074.912
882. R. 535.876.996	909. R. 492.888.909
883. R. 819.915.639	910. R. 542.918.298
884. R. 195.950.191	911. R. 577.628.009
885. R. 250.284.998	912. R. 391.897.229
886. R. 69.757.878	913. R. 776.116.307
887. R. 181.877.899	914. R. 392.370.834
888. R. 737.997.789	915. R. 661.621.882
889. R. 390.289.689	916. R. 151.688.049
890. R. 429.887.679	917. R. 220.788.146
891. R. 687.499.258	918. R. 780.884.922
892. R. 377.491.218	919. R. 388.880.891
893. R. 68.831.844	920. R. 647.968.837
894. R. 859.928.141	921. R. 587.662.291
895. R. 815.069.558	922. R. 808.897.743
896. R. 697.662.179	923. R. 951.882.626

924	847.653.454 74.375.576	942	456.700.750 45.612.495	960	453.007.527 276.499.619
925	850.070.452 97.050.654	943	476.227.487 247.624.756	961	837.040.054 4.134.567
926	475.364.378 297.273.457	944	876.007.054 798.435.495	962	975.076.024 584.839.752
927	546.807.575 277.451.794	945	564.079.758 285.187.976	963	400.700.007 203.405.604
928	653.405.995 476.294.474	946	753.097.507 194.289.778	964	854.375.956 457.827
929	956.753.764 678.404.954	947	400.075.546 93.457.897	965	827.235.465 519.147.276
930	677.454.854 495.647.562	948	534.857.678 472.789.756	966	977.405.370 95.504.790
931	789.543.578 497.379.357	949	450.007.546 40.079.452	967	456.954.827 377.472.918
932	676.527.528 424.709.798	950	487.054.554 98.047.775	968	752.347.824 73.259.677
933	844.565.647 753.676.575	951	475.907.754 69.419.548	969	974.500.700 93.235.945
934	877.456.756 398.298.575	952	905.207.246 746.855.472	970	976.453.876 455.972.395
935	956.875.587 764.697.754	953	797.542.240 8.765.576	971	839.457.354 745.689.835
936	764.927.074 676.489.572	954	574.554.247 59.676.452	972	576.874.250 97.093.475
937	896.467.756 97.964.847	955	468.207.427 9.704.554	973	845.977.605 7.884.996
938	984.375.578 678.227.754	956	754.007.454 679.005.765	974	875.459.805 97.140.976
939	950.076.074 475.207.454	957	954.875.754 577.469.579	975	847.654.976 39.787.495
940	477.275.759 298.345.847	958	432.700.769 71.904.257	976	984.700.064 76.975.479
941	375.427.587 189.719.754	959	650.079.059 479.084.764	977	654.856.977 7.965.437

924.	R. 773.277.878		951.	R. 406.488.206
925.	R. 753.019.798		952.	R. 158.351.774
926.	R. 178.090.921		953.	R. 788.776.664
927.	R. 269.355.781		954.	R. 514.877.795
928.	R. 177.111.521		955.	R. 458.502.873
929.	R. 278.348.810		956.	R. 75.001.689
930.	R. 181.807.292		957.	R. 377.406.175
931.	R. 292.164.221		958.	R. 360.796.512
932.	R. 251.817.730		959.	R. 170.994.295
933.	R. 90.889.072		960.	R. 176.507.908
934.	R. 479.158.181		961.	R. 832.905.487
935.	R. 192.177.833		962.	R. 390.236.272
936.	R. 88.437.502		963.	R. 197.294.403
937.	R. 798.502.909		964.	R. 853.918.129
938.	R. 306.147.824		965.	R. 308.088.189
939.	R. 474.868.620		966.	R. 881.900.580
940.	R. 178.929.912		967.	R. 79.481.909
941.	R. 185.707.833		968.	R. 679.088.147
942.	R. 411.088.255		969.	R. 881.264.755
943.	R. 228.602.731		970.	R. 520.481.481
944.	R. 77.571.559		971.	R. 93.767.519
945.	R. 278.891.782		972.	R. 479.780.775
946.	R. 558.807.729		973.	R. 838.092.609
947.	R. 306.617.649		974.	R. 778.318.829
948.	R. 62.067.922		975.	R. 807.867.481
949.	R. 409.928.094		976.	R. 907.724.585
950.	R. 389.006.779		977.	R. 646.891.540

#		#		#	
978	764.907, 05 87.929, 795	996	548.757, 05 69.899, 76	1014	487.854, 5 198.965, 428
979	346.176, 007 78.487, 878	997	654.565, 5 78.749, 895	1015	789.706, 5 99.879, 765
980	656.450, 054 78.677, 09	998	467.517, 5 89.349, 756	1016	476.407, 35 7.984, 075
981	376.570, 005 87.745, 15	999	258.542, 07 74.784, 987	1017	159.427, 7 74.796, 456
982	752.475, 754 89.787, 95	1000	489.476, 376 4.787, 45	1018	745.600, 05 87.740, 275
983	897.450, 07 98.776, 095	1001	478.454, 85 9.589, 975	1019	478.465, 5 9.794, 759
984	423.750, 5 56.879, 75	1002	467.465, 75 8.234, 975	1020	874.276, 75 94.769, 576
985	356.842, 25 47.974, 745	1003	748.760, 4 279.429, 75	1021	784.529, 02 95.947, 354
986	754.754, 7 37.679, 25	1004	567.476, 08 277.988, 795	1022	477.435, 30 58.507, 295
987	267.475, 75 79.797, 975	1005	476.435, 5 285.489, 875	1023	976.007, 45 48.943, 775
988	764.704, 23 87.957, 747	1006	378.989, 01 189.471, 875	1024	798.344, 5 14.792, 756
989	465.742, 5 76.908, 075	1007	267.576, 72 189.487, 695	1025	477.456, 72 98.748, 809
990	787.654, 5 98.298, 25	1008	641.764, 05 576.376, 476	1026	789.576, 5 99.767, 357
991	576.427, 9 89.550, 957	1009	717.425, 5 458.764, 757	1027	549.876, 55 8.957, 546
992	347.495, 5 79.789, 756	1010	624.760, 45 576.978, 976	1028	742.576, 853 179.407, 07
993	654.652, 5 73.475, 76	1011	870.079, 04 198.789, 958	1029	764.007, 257 97.042, 549
994	843.276, 75 77.787, 985	1012	645.652, 5 178.794, 74	1030	877.574, 9 98.347, 257
995	357.402, 5 69.776, 756	1013	578.576, 5 289.709, 769	1031	754.252, 5 272.189, 756

978. R. 676.977 , 255
979. R. 267.688 , 129
980. R. 577.772 , 964
981. R. 288.824 , 855
982. R. 662.687, 804
983. R. 798.673 , 975
984. R. 366.870 , 75
985. R. 308.867 , 505
986. R. 717.075 , 45
987. R. 187.677 , 775
988. R. 676.746 , 483
989. R. 388.834 , 425
990. R. 689.356 , 25
991. R. 486.876 , 943
992. R. 267.705 , 744
993. R. 581.176 , 74
994. R. 765.488 , 765
995. R. 287.625 , 744
996. R. 478.857 , 29
997. R. 575.815 , 605
998. R. 378.167 , 744
999. R. 183.757 , 083
1000. R. 484.688 , 926
1001. R. 468.864 , 875
1002. R. 459.230 , 775
1003. R. 469.330 , 65
1004. R. 289.487 , 285

1005. R. 190.945 , 625
1006. R. 189.517 , 135
1007. R. 78.089 , 025
1008. R. 65.387 , 574
1009. R. 258.660 , 743
1010. R. 47.781 , 474
1011. R. 671.289 , 082
1012. R. 466.857 , 76
1013. R. 288.866 , 731
1014. R. 288.889 , 072
1015. R. 689.826 , 735
1016. R. 468.423 , 275
1017. R. 84.631 , 244
1018. R. 657.859 , 775
1019. R. 468.670 , 741
1020. R. 779.507 , 174
1021. R. 688.581 , 666
1022. R. 418.928 , 005
1023. R. 927.063 , 675
1024. R. 783.551 , 744
1025. R. 378.707 , 911
1026. R. 689.809 , 143
1027. R. 540.918 , 004
1028. R. 563.169 , 783
1029. R. 666.964 , 708
1030. R. 779.227 , 643
1031. R. 482.062 , 744

N°		×	N°		×	N°		×	N°		×	N°		×	N°		×
1032	112	1	1050	543	3	1068	564	5	1086	482	7	1104	789	8	1122	789	9
1033	113	2	1051	476	4	1069	379	6	1087	673	8	1105	897	9	1123	470	2
1034	123	3	1052	763	5	1070	407	7	1088	452	9	1106	756	2	1124	674	3
1035	124	4	1053	379	6	1071	839	8	1089	824	2	1107	676	3	1125	873	4
1036	215	5	1054	245	7	1072	987	9	1090	347	3	1108	749	4	1126	453	5
1037	902	6	1055	566	8	1073	676	2	1091	947	3	1109	876	5	1127	767	6
1038	714	7	1056	827	9	1074	436	3	1092	654	4	1110	768	6	1128	975	7
1039	707	8	1057	940	2	1075	927	4	1093	842	5	1111	789	7	1129	437	8
1040	416	9	1058	623	3	1076	875	5	1094	762	6	1112	769	8	1130	842	9
1041	545	2	1059	454	4	1077	464	6	1095	452	7	1113	879	9	1131	954	2
1042	346	3	1060	567	5	1078	276	7	1096	764	8	1114	456	2	1132	375	3
1043	276	4	1061	874	6	1079	769	8	1097	874	9	1115	789	3	1133	845	4
1044	307	5	1062	367	7	1080	477	9	1098	765	2	1116	876	4	1134	674	5
1045	406	6	1063	453	8	1081	695	2	1099	687	3	1117	456	5	1135	347	6
1046	547	7	1064	842	9	1082	989	3	1100	454	4	1118	768	6	1136	576	7
1047	876	8	1065	769	2	1083	549	4	1101	784	5	1119	476	7	1137	876	8
1048	426	9	1066	847	3	1084	354	5	1102	367	6	1120	347	8	1138	795	9
1049	289	2	1067	564	4	1085	287	6	1103	489	7	1121	889	9	1139	974	9

1032.	R. 112	1068.	R. 2.820	1104.	R. 6.312
1033.	R. 226	1069.	R. 2.274	1105.	R. 8.073
1034.	R. 369	1070.	R. 2.849	1106.	R. 1.512
1035.	R. 496	1071.	R. 6.712	1107.	R. 2.028
1036.	R. 1.075	1072.	R. 8.883	1108.	R. 2.996
1037.	R. 5.412	1073.	R. 1.352	1109.	R. 4.380
1038.	R. 4.998	1074.	R. 1.308	1110.	R. 4.608
1039.	R. 5.656	1075.	R. 3.708	1111.	R. 5.423
1040.	R. 3.744	1076.	R. 4.375	1112.	R. 6.152
1041.	R. 1.090	1077.	R. 2.784	1113.	R. 7.911
1042.	R. 1.038	1078.	R. 1.932	1114.	R. 912
1043.	R. 1.104	1079.	R. 6.152	1115.	R. 2.367
1044.	R. 1.535	1080.	R. 4.239	1116.	R. 3.504
1045.	R. 2.436	1081.	R. 1.390	1117.	R. 2.280
1046.	R. 3.829	1082.	R. 2.967	1118.	R. 4.608
1047.	R. 7.008	1083.	R. 2.196	1119.	R. 3.332
1048.	R. 3.834	1084.	R. 1.770	1120.	R. 2.776
1049.	R. 578	1085.	R. 1.722	1121.	R. 8.001
1050.	R. 1.629	1086.	R. 3.374	1122.	R. 7.101
1051.	R. 1.904	1087.	R. 3.374	1123.	R. 940
1052.	R. 3.815	1088.	R. 4.068	1124.	R. 2.022
1053.	R. 2.274	1089.	R. 1.648	1125.	R. 3.492
1054.	R. 1.715	1090.	R. 1.941	1126.	R. 2.265
1055.	R. 4.528	1091.	R. 2.841	1127.	R. 4.602
1056.	R. 7.443	1092.	R. 2.616	1128.	R. 6.825
1057.	R. 1.880	1093.	R. 4.210	1129.	R. 3.496
1058.	R. 1.869	1094.	R. 4.572	1130.	R. 7.578
1059.	R. 1.876	1095.	R. 3.164	1131.	R. 1.908
1060.	R. 2.835	1096.	R. 6.112	1132.	R. 1.125
1061.	R. 5.244	1097.	R. 7.866	1133.	R. 3.380
1062.	R. 2.569	1098.	R. 1.530	1134.	R. 3.370
1063.	R. 3.624	1099.	R. 2.061	1135.	R. 2.082
1064.	R. 7.578	1100.	R. 1.816	1136.	R. 4.032
1065.	R. 1.538	1101.	R. 3.920	1137.	R. 7.008
1066.	R. 2.541	1102.	R. 2.202	1138.	R. 7.155
1067.	R. 2.256	1103.	R. 3.423	1139.	R. 8.766

No		No		No		No	
1140	489.507 2	1158	653.407 4	1176	390.542 5	1194	687.899 7
1141	654.764 3	1159	753.423 5	1177	347.824 6	1195	876.789 8
1142	200.705 4	1160	854.753 6	1178	784.260 7	1196	689.879 9
1143	924.654 5	1161	857.453 7	1179	485.296 8	1197	847.987 7
1144	753.407 6	1162	673.459 8	1180	945.678 9	1198	674.789 8
1145	923.247 7	1163	747.827 9	1181	369.452 2	1199	987.685 9
1146	951.847 8	1164	942.276 9	1182	864.207 3	1200	456.907 3
1147	657.432 9	1165	954.376 2	1183	475.654 4	1201	875.450 4
1148	837.476 6	1166	742.087 3	1184	365.408 5	1202	357.405 5
1149	670.075 7	1167	427.907 4	1185	824.025 6	1203	975.654 6
1150	456.024 4	1168	456.876 5	1186	547.686 7	1204	907.075 7
1151	653.707 7	1169	345.654 6	1187	879.789 8	1205	578.045 8
1152	839.456 6	1170	857.976 7	1188	487.676 9	1206	974.834 9
1153	576.824 5	1171	484.237 8	1189	765.478 2	1207	375.406 4
1154	744.527 8	1172	870.089 9	1190	742.389 3	1208	927.454 5
1155	677.456 9	1173	574.345 2	1191	875.784 4	1209	905.453 6
1156	975.045 2	1174	654 237 3	1192	647.548 5	1210	845.405 8
1157	547.854 3	1175	576.484 4	1193	484 374 6	1211	845.607 9

1140.	R.	979.014	1176.	R.	1.952.710
1141.	R.	1.964.292	1177.	R.	2.086.944
1142.	R.	802.820	1178.	R.	5.489.820
1143.	R.	4.623.270	1179.	R.	3.882.368
1144.	R.	4.520.442	1180.	R.	8.511.102
1145.	R.	6.462.729	1181.	R.	738.904
1146.	R.	7.614.776	1182.	R.	2.592.621
1147.	R.	5.916.888	1183.	R.	1.902.616
1148.	R.	5.024.856	1184.	R.	1.827.040
1149.	R.	4.690.525	1185.	R.	4.944.150
1150.	R.	1.824.096	1186.	R.	3.833.802
1151.	R.	4.575.949	1187.	R.	7.038.312
1152.	R.	5.036.736	1188.	R.	4.389.084
1153.	R.	2.884.120	1189.	R.	1.530.956
1154.	R.	5.956.216	1190.	R.	2.227.167
1155.	R.	6.097.104	1191.	R.	3.503.136
1156.	R.	1.950.090	1192.	R.	3.237.740
1157.	R.	1.643.562	1193.	R.	2.906.244
1158.	R.	2.613.628	1194.	R.	4.815.293
1159.	R.	3.767.115	1195.	R.	7.014.312
1160.	R.	5.128.518	1196.	R.	6.208.911
1161.	R.	6.002.171	1197.	R.	5.935.909
1162.	R.	5.387.672	1198.	R.	5.398.312
1163.	R.	6.730.443	1199.	R.	8.889.165
1164.	R.	8.480.484	1200.	R.	1.370.721
1165.	R.	1.908.752	1201.	R.	3.501.800
1166.	R.	2.226.261	1202.	R.	1.787.025
1167.	R.	1.711.628	1203.	R.	5.853.924
1168.	R.	2.284.380	1204.	R.	6.349.525
1169.	R.	2.073.924	1205.	R.	4.624.360
1170.	R.	6.005.832	1206.	R.	8.773.506
1171.	R.	3.873.896	1207.	R.	1.501.624
1172.	R.	7.830.801	1208.	R.	4.637.270
1173.	R.	1.148.690	1209.	R.	5.432.718
1174.	R.	1.962.711	1210.	R.	6.763.240
1175.	R.	2.305.936	1211.	R.	7.610.463

1212	718.476.254 / 2	1230	575.696.707 / 4	1248	695.007.678 / 5
1213	764.867.678 / 3	1231	654.008.579 / 5	1249	784.653.484 / 4
1214	697.374.024 / 4	1232	395.576.927 / 7	1250	839.754.607 / 3
1215	857.654.925 / 7	1233	443.570.074 / 8	1251	476.974.827 / 5
1216	769.654.769 / 6	1234	789.870.795 / 9	1252	654.820.074 / 6
1217	475.427.654 / 7	1235	896.893.954 / 8	1253	706.007.475 / 7
1218	694.744.827 / 8	1236	976.356.453 / 9	1254	864.076.084 / 4
1219	985.564.542 / 9	1237	987.654.079 / 7	1255	974.827.454 / 8
1220	847.959.542 / 8	1238	837.054.007 / 8	1256	607.907.807 / 9
1221	737.570.742 / 6	1239	494.007.654 / 9	1257	748.754.097 / 2
1222	894.344.807 / 7	1240	574.854.376 / 7	1258	875.473.974 / 3
1223	792.670.074 / 5	1241	747.678.453 / 8	1259	574.854.967 / 4
1224	982.567.907 / 3	1242	476.864.607 / 9	1260	484.326.456 / 5
1225	880.087.370 / 4	1243	546.876.005 / 8	1261	900.741.854 / 6
1226	947.607.527 / 2	1244	607.405.007 / 7	1262	652.872.954 / 7
1227	845.794.653 / 7	1245	676.423.754 / 8	1263	307.452.854 / 8
1228	477.406.823 / 3	1246	407.676.005 / 8	1264	907.405.324 / 9
1229	394.756.928 / 6	1247	598.471.007 / 6	1265	274.279.405 / 9

1212. R. 1.436.952.508
1213. R. 2.294.603.034
1214. R. 2.789.496.096
1215. R. 6.003.584.475
1216. R. 4.617.928.614
1217. R. 3.327.993.578
1218. R. 5.557.958.616
1219. R. 8.870.080.878
1220. R. 6.783.676.336
1221. R. 4.425.424.452
1222. R. 6.260.413.649
1223. R. 3.963.350.370
1224. R. 2.947.703.721
1225. R. 3.520.349.480
1226. R. 1.895.215.054
1227. R. 5.920.562.571
1228. R. 1.432.220.469
1229. R. 2.368.541.568
1230. R. 2.302.786.828
1231. R. 3.270.042.895
1232. R. 2.769.038.489
1233. R. 3.548.560.592
1234. R. 7.108.837.155
1235. R. 7.175.151.632
1236. R. 8.787.208.077
1237. R. 6.913.578.553
1238. R. 6.696.432.056
1239. R. 4.446.068.886
1240. R. 4.023.980.632
1241. R. 5.981.427.624
1242. R. 4.291.781.463
1243. R. 4.375.008.040
1244. R. 4.251.835.049
1245. R. 5.411.390.032
1246. R. 3.261.408.040
1247. R. 3.590.826.042
1248. R. 3.475.038.390
1249. R. 3.138.613.936
1250. R. 2.519.263.821
1251. R. 2.384.874.135
1252. R. 3.928.920.444
1253. R. 4.942.052.325
1254. R. 3.456.304.336
1255. R. 7.798.619.632
1256. R. 5.471.170.263
1257. R. 1.497.508.194
1258. R. 2.626.421.922
1259. R. 2.299.419.868
1260. R. 2.421.632.280
1261. R. 5.404.451.124
1262. R. 4.570.110.678
1263. R. 2.459.622.832
1264. R. 8.166.647.916
1265. R. 2.468.514.645

No	×	No	×	No	×	No	×	No	×	No	×
1266	215 × 10	1284	477 × 28	1302	590 × 46	1320	437 × 64	1338	689 × 82	1356	807 × 15
1267	719 × 11	1285	878 × 29	1303	539 × 47	1321	865 × 65	1339	574 × 83	1357	456 × 19
1268	324 × 12	1286	984 × 30	1304	625 × 48	1322	766 × 66	1340	657 × 84	1358	975 × 24
1269	426 × 13	1287	386 × 31	1305	609 × 49	1323	964 × 67	1341	987 × 85	1359	454 × 27
1270	529 × 14	1288	487 × 32	1306	676 × 50	1324	354 × 68	1342	673 × 86	1360	378 × 36
1271	633 × 15	1289	592 × 33	1307	703 × 51	1325	684 × 69	1343	457 × 87	1361	456 × 38
1272	735 × 16	1290	697 × 34	1308	750 × 52	1326	854 × 70	1344	984 × 88	1362	815 × 45
1273	540 × 17	1291	775 × 35	1309	747 × 53	1327	578 × 71	1345	827 × 89	1363	469 × 48
1274	245 × 18	1292	184 × 36	1310	872 × 54	1328	476 × 72	1346	979 × 90	1364	874 × 54
1275	754 × 19	1293	355 × 37	1311	870 × 55	1329	987 × 73	1347	657 × 91	1365	901 × 57
1276	456 × 20	1294	977 × 38	1312	807 × 56	1330	674 × 74	1348	895 × 92	1366	342 × 65
1277	359 × 21	1295	344 × 39	1313	940 × 57	1331	845 × 75	1349	937 × 93	1367	456 × 69
1278	564 × 22	1296	359 × 40	1314	957 × 58	1332	976 × 76	1350	464 × 94	1368	807 × 78
1279	167 × 23	1297	371 × 41	1315	907 × 59	1333	743 × 77	1351	687 × 95	1369	975 × 79
1280	568 × 24	1298	405 × 42	1316	475 × 60	1334	876 × 78	1352	978 × 96	1370	435 × 83
1281	669 × 25	1299	470 × 43	1317	654 × 61	1335	769 × 79	1353	754 × 97	1371	875 × 85
1282	871 × 26	1300	487 × 44	1318	876 × 62	1336	357 × 80	1354	874 × 98	1372	434 × 95
1283	976 × 27	1301	505 × 45	1319	956 × 63	1337	487 × 81	1355	954 × 99	1373	307 × 99

1266.	R.	2.150	1302.	R.	27.140	1338.	R.	56.498
1267.	R.	7.909	1303.	R.	25.333	1339.	R.	47.642
1268.	R.	3.888	1304.	R.	30.000	1340.	R.	55.188
1269.	R.	5.538	1305.	R.	29.841	1341.	R.	83.895
1270.	R.	7.406	1306.	R.	33.800	1342.	R.	57.878
1271.	R.	9.495	1307.	R.	35.853	1343.	R.	39.759
1272.	R.	11.760	1308.	R.	39.000	1344.	R.	86.592
1273.	R.	9.180	1309.	R.	39.591	1345.	R.	73.603
1274.	R.	4.410	1310.	R.	47.088	1346.	R.	88.110
1275.	R.	14.326	1311.	R.	47.850	1347.	R.	59.787
1276.	R.	9.120	1312.	R.	45.192	1348.	R.	82.340
1277.	R.	7.539	1313.	R.	53.580	1349.	R.	87.141
1278.	R.	12.408	1314.	R.	55.506	1350.	R.	43.616
1279.	R.	3.841	1315.	R.	53.518	1351.	R.	65.265
1280.	R.	13.632	1316.	R.	28.500	1352.	R.	93.888
1281.	R.	16.725	1317.	R.	39.894	1353.	R.	73.138
1282.	R.	22.646	1318.	R.	54.312	1354.	R.	85.652
1283.	R.	26.352	1319.	R.	60.228	1355.	R.	94.446
1284.	R.	13.356	1320.	R.	27.968	1356.	R.	12.104
1285.	R.	25.462	1321.	R.	56.225	1357.	R.	8.665
1286.	R.	29.520	1322.	R.	50.556	1358.	R.	23.400
1287.	R.	11.966	1323.	R.	64.588	1359.	R.	12.258
1288.	R.	15.584	1324.	R.	24.072	1360.	R.	13.608
1289.	R.	19.536	1325.	R.	47.196	1361.	R.	17.328
1290.	R.	23.698	1326.	R.	59.780	1362.	R.	36.675
1291.	R.	27.125	1327.	R.	41.038	1363.	R.	22.512
1292.	R.	6.624	1328.	R.	34.272	1364.	R.	47.196
1293.	R.	13.135	1329.	R.	72.051	1365.	R.	51.357
1294.	R.	37.126	1330.	R.	49.876	1366.	R.	22.230
1295.	R.	13.416	1331.	R.	63.375	1367.	R.	31.464
1296.	R.	14.360	1332.	R.	74.176	1368.	R.	62.946
1297.	R.	15.211	1333.	R.	57.211	1369.	R.	77.025
1298.	R.	17.010	1334.	R.	68.328	1370.	R.	36.103
1299.	R.	20.210	1335.	R.	60.751	1371.	R.	74.375
1300.	R.	21.428	1336.	R.	28.560	1372.	R.	41.235
1301.	R.	22.725	1337.	R.	39.447	1373.	R.	30.390

1374	276.475 10	1392	835.678 28	1410	759.407 46	1428	456.977 64
1375	954.828 11	1393	786.795 29	1411	677.007 47	1429	376.456 65
1376	384.957 12	1394	843.576 30	1412	796.450 48	1430	896.907 66
1377	607.405 13	1395	794.807 31	1413	984.765 49	1431	454.275 67
1378	807.405 14	1396	853.477 32	1414	470.079 50	1432	753.537 68
1379	943.822 15	1397	957.834 33	1415	834.027 51	1433	427.907 69
1380	707.045 16	1398	594.827 34	1416	976.450 52	1434	654.079 70
1381	674.653 17	1399	943.754 35	1417	654.320 53	1435	897.654 71
1382	753.824 18	1400	609.834 36	1418	753.827 54	1436	678.967 72
1383	767.984 19	1401	794.604 37	1419	600.700 55	1437	674.875 73
1384	657.489 20	1402	827.454 38	1420	407.954 56	1438	974.854 74
1385	824.756 21	1403	796.450 39	1421	834.905 57	1439	695.437 75
1386	476.937 22	1404	687.070 40	1422	976.753 58	1440	674.854 76
1387	854.961 23	1405	834.750 41	1423	489.807 59	1441	746.759 77
1388	674.897 24	1406	976.450 42	1424	796.453 60	1442	874.079 78
1389	978.007 25	1407	607.741 43	1425	794.835 61	1443	134.679 79
1390	879.678 26	1408	987.654 44	1426	456.954 62	1444	769.859 80
1391	769.407 27	1409	746.824 45	1427	546.854 63	1445	674.874 81

1374.	R.	2.764.750	1410.	R. 34.932.722
1375.	R.	10.503.108	1411.	R. 31.819.329
1376.	R.	4.619.484	1412.	R. 38.229.600
1377.	R.	7.896.265	1413.	R. 48.253.485
1378.	R.	11.303.670	1414.	R. 23.503.950
1379.	R.	14.157.330	1415.	R. 42.535.377
1380.	R.	11.312.720	1416.	R. 50.775.400
1381.	R.	11.469.101	1417.	R. 34.678.960
1382.	R.	13.568.832	1418.	R. 40.706.658
1383.	R.	14.591.696	1419.	R. 33.038.500
1384.	R.	13.149.780	1420.	R. 22.845.424
1385.	R.	17.319.876	1421.	R. 47.589.585
1386.	R.	10.492.614	1422.	R. 56.651.674
1387.	R.	19.664.103	1423.	R. 28.898.613
1388.	R.	16.197.528	1424.	R. 47.787.180
1389.	R.	24.450.175	1425.	R. 48.484.935
1390.	R.	22.871.628	1426.	R. 28.331.148
1391.	R.	20.773.989	1427.	R. 34.451.802
1392.	R.	23.398.984	1428.	R. 29.246.528
1393.	R.	22.817.055	1429.	R. 24.469.640
1394.	R.	25.307.280	1430.	R. 59.195.862
1395.	R.	24.639.017	1431.	R. 30.436.425
1396.	R.	27.311.264	1432.	R. 51.240.516
1397.	R.	31.608.522	1433.	R. 29.525.583
4398.	R.	20.224.118	1434.	R. 45.785.530
1399.	R.	33.031.390	1435.	R. 63.733.434
1400.	R.	21.954.024	1436.	R. 48.885.624
1401.	R.	29.400.348	1437.	R. 49.265.875
1402.	R.	31.443.252	1438.	R. 72.139.196
1403.	R.	31.061.550	1439.	R. 52.157.775
1404.	R.	27.482.800	1440.	R. 51.288.904
1405.	R.	34.224.750	1441.	R. 57.500.443
1406.	R.	41.010.900	1442.	R. 68.178.162
1407.	R.	26.132.863	1443.	R. 10.639.641
1408.	R.	43.456.776	1444.	R. 61.588.720
1409.	R.	33.607.086	1445.	R. 54.664.794

1446	987.432.594 46	1464	454.284.897 64	1482	807.976.453 82
1447	879.543.254 47	1465	974.896.076 65	1483	927.827.463 83
1448	607.045.079 48	1466	796.842.177 66	1484	453.976.567 84
1449	854.976.478 49	1467	659.878.453 67	1485	745.976.453 85
1450	674.807.009 50	1468	796.800.457 68	1486	629.834.577 86
1451	874.370.094 51	1469	678.800.457 69	1487	837.674.589 87
1452	874.217.009 52	1470	478.653.457 70	1488	475.899.907 88
1453	674.807.009 53	1471	324.983.457 71	1489	759.607.456 89
1454	430.079.654 54	1472	547.837.450 72	1490	827.896.765 90
1455	674.807.605 55	1473	876.956.279 73	1491	476.967.839 91
1456	476.798.079 56	1474	798.347.870 74	1492	395.797.698 92
1457	874.252.697 57	1475	878.789.698 75	1493	795.437.890 93
1458	297.654.874 58	1476	479.789.675 76	1494	807.767.489 94
1459	798.087.095 59	1477	767.787.879 77	1495	478.979.654 95
1460	487.974.827 60	1478	678.545.489 78	1496	389.878.598 96
1461	654.037.459 61	1479	467.854.349 79	1497	837.874.894 97
1462	679.854.372 62	1480	346.878.576 80	1498	587.954.980 98
1463	499.854.372 63	1481	957.689.845 81	1499	678.541.543 99

1446. R. 45.421.899.324
1447. R. 41.338.532.938
1448. R. 29.138.163.792
1449. R. 41.893.847.422
1450. R. 33.740.350.450
1451. R. 44.592.874.794
1452. R. 45.459.284.468
1453. R. 35.764.771.477
1454. R. 23.224.301.316
1455. R. 37.114.418.275
1456. R. 26.700.692.424
1457. R. 49.832.403.729
1458. R. 17.263.982.692
1459. R. 47.087.138.605
1460. R. 29.278.489.620
1461. R. 39.896.284.999
1462. R. 42.150.971.064
1463. R. 31.490.825.436
1464. R. 29.074.233.408
1465. R. 63.368.244.940
1466. R. 52.591.583.682
1467. R. 44.211.856.351
1468. R. 54.182.431.076
1469. R. 46.837.231.533
1470. R. 33.505.741.990
1471. R. 23.073.825.447
1472. R. 39.444.296.400

1473. R. 64.017.808.367
1474. R. 59.077.742.380
1475. R. 65.909.227.350
1476. R. 36.464.015.300
1477. R. 59.119.666.683
1478. R. 52.926.548.142
1479. R. 36.960.493.571
1480. R. 27.750.286.080
1481. R. 77.572.877.445
1482. R. 66.254.069.146
1483. R. 77.009.679.429
1484. R. 38.134.031.628
1485. R. 63.407.998.505
1486. R. 54.165.773.622
1487. R. 72.877.689.243
1488. R. 41.879.191.816
1489. R. 67.605.063.584
1490. R. 74.510.708.850
1491. R. 43.404.073.349
1492. R. 36.413.388.216
1493. R. 73.975.723.776
1494. R. 75.930.143.960
1495. R. 45.503.067.130
1496. R. 37.428.345.408
1497. R. 81.273.864.718
1498. R. 57.619.588.040
1499. R. 67.175.612.757

N°		N°		N°		N°		N°		N°	
1500	457 234	1518	654 784	1536	840 465	1554	454 357	1572	347 954	1590	974 378
1501	674 246	1519	895 654	1537	981 670	1555	495 875	1573	257 859	1591	354 476
1502	827 495	1520	457 689	1538	954 267	1556	654 975	1574	674 307	1592	876 984
1503	456 375	1521	795 837	1539	870 541	1557	745 684	1575	675 439	1593	456 854
1504	978 365	1522	576 847	1540	807 954	1558	784 875	1576	475 694	1594	916 564
1505	546 378	1523	456 976	1541	354 289	1559	976 854	1577	454 679	1595	846 307
1506	475 260	1524	876 439	1542	654 978	1560	976 429	1578	384 807	1596	927 456
1507	453 576	1525	654 457	1543	687 984	1561	670 847	1579	405 976	1597	453 854
1508	874 256	1526	856 978	1544	725 297	1562	754 979	1580	746 376	1598	954 954
1509	738 453	1527	349 546	1545	857 978	1563	607 495	1581	987 845	1599	856 807
1510	764 374	1528	796 437	1546	584 897	1564	835 905	1582	804 975	1600	408 375
1511	573 459	1529	954 876	1547	976 457	1565	676 484	1583	676 796	1601	507 429
1512	873 957	1530	684 837	1548	678 376	1566	970 795	1584	805 567	1602	674 854
1513	674 893	1531	945 654	1549	594 896	1567	854 347	1585	875 492	1603	745 876
1514	457 658	1532	385 987	1550	954 678	1568	654 987	1586	765 987	1604	798 974
1515	943 765	1533	854 976	1551	542 970	1569	807 454	1587	654 795	1605	476 854
1516	476 954	1534	543 567	1552	824 307	1570	653 925	1588	895 978	1606	654 327
1517	376 489	1535	940 657	1553	406 378	1571	854 937	1589	654 897	1607	954 376

1500. R. 106.938	1536. R. 390.600	1572. R. 331.038
1501. R. 165.804	1537. R. 657.270	1573. R. 220.763
1502. R. 409.365	1538. R. 254.718	1574. R. 206.918
1503. R. 171.000	1539. R. 470.670	1575. R. 296.325
1504. R. 356.970	1540. R. 769.878	1576. R. 329.650
1505. R. 206.388	1541. R. 102.306	1577. R. 308.266
1506. R. 123.500	1542. R. 639.612	1578. R. 309.888
1507. R. 260.928	1543. R. 676.008	1579. R. 395 280
1508. R. 223.744	1544. R. 215.325	1580. R. 280.496
1509. R. 334.314	1545. R. 838.146	1581. R. 834.015
1510. R. 285.736	1546. R. 523.848	1582. R. 783.900
1511. R. 263.007	1547. R. 446.032	1583. R. 538.096
1512. R. 835.461	1548. R. 254.928	1584. R. 456.435
1513. R. 601.882	1549. R. 532.224	1585. R. 430.500
1514. R. 300.706	1550. R. 646.812	1586. R. 755.055
1515. R. 721.395	1551. R. 525.740	1587. R. 519.930
1516. R. 454.104	1552. R. 252.968	1588. R. 875.310
1517. R. 183.864	1553. R. 153.468	1589. R. 586.638
1518. R. 512.736	1554. R. 162.078	1590. R. 368.174
1519. R. 585.330	1555. R. 433.125	1591. R. 168.502
1520. R. 314.873	1556. R. 637.650	1592. R. 861.984
1521. R. 665.415	1557. R. 509.580	1593. R. 389.424
1522. R. 487.872	1558. R. 686.000	1594. R. 516.624
1523. R. 445.056	1559. R. 833.504	1595. R. 259.722
1524. R. 384.564	1560. R. 418.704	1596. R. 422.712
1525. R. 298.878	1561. R. 567.490	1597. R. 386.862
1526. R. 837.168	1562. R. 738.166	1598. R. 910.116
1527. R. 190.554	1563. R. 300.465	1599. R. 690.792
1528. R. 347.852	1564. R. 755.675	1600. R. 153.000
1529. R. 835.704	1565. R. 327.184	1601. R. 217.503
1530. R. 572.508	1566. R. 771.150	1602. R. 575.596
1531. R. 618.030	1567. R. 296.338	1603. R. 652.620
1532. R. 379.995	1568. R. 645.498	1604. R. 777.252
1533. R. 833.504	1569. R. 366.378	1605. R. 406.504
1534. R. 307.881	1570. R. 604.025	1606. R. 213.858
1535. R. 617.580	1571. R. 800.198	1607. R. 358.704

1608	456.809 110	1626	827.400 187	1644	647.959 183	1662	945.634 235
1609	765.407 257	1627	578.456 303	1645	647.954 265	1663	827.456 347
1610	709.857 340	1628	824.956 387	1646	834.706 370	1664	769.487 426
1611	650.074 457	1629	347.653 457	1647	900.897 405	1665	695.844 575
1612	834.765 518	1630	875.907 520	1648	807.475 576	1666	978.450 627
1613	784.676 659	1631	456.824 654	1649	986.007 726	1667	764.875 318
1614	937.456 705	1632	753.493 752	1650	943.554 819	1668	654.265 429
1615	976.858 800	1633	976.489 877	1651	837.454 947	1669	346.854 537
1616	769.874 940	1634	675.456 945	1652	967.827 125	1670	976.954 842
1617	654.987 184	1635	978.754 150	1653	976.857 207	1671	650.079 935
1618	897.676 257	1636	976.546 200	1654	678.984 345	1672	645.724 359
1619	978.457 346	1637	834.907 317	1655	675.454 474	1673	965.789 327
1620	876.574 457	1638	457.834 456	1656	730.064 500	1674	697.896 938
1621	769.876 526	1639	786.989 576	1657	470.853 670	1675	767.467 349
1622	457.914 640	1640	827.569 623	1658	984.765 756	1676	157.679 937
1623	853.473 703	1641	650.049 729	1659	947.876 842	1677	747.876 945
1624	957.456 834	1642	854.076 840	1660	689.834 943	1678	789.379 849
1625	704.357 907	1643	747.898 907	1661	800.745 447	1679	874.119 927

1608.	R.	50.248.990	1644.	R. 118.576.497
1609.	R.	196.709.599	1645.	R. 171.707.810
1610.	R.	241.351.380	1646.	R. 308.841.220
1611.	R.	297.083.818	1647.	R. 364.863.285
1612.	R.	432.408.270	1648.	R. 465.105.600
1613.	R.	517.101.484	1649.	R. 715.841.082
1614.	R.	660.906.480	1650.	R. 772.770.726
1615.	R.	781.486.400	1651.	R. 793.068.938
1616.	R.	723.681.560	1652.	R. 120.978.375
1617.	R.	120.517.608	1653.	R. 202.209.399
1618.	R.	230.702.732	1654.	R. 234.249.480
1619.	R.	338.546.122	1655.	R. 320.165.196
1620.	R.	400.594.318	1656.	R. 365.032.000
1621.	R.	404.954.776	1657.	R. 315.471.510
1622.	R.	293.103.360	1658.	R. 744.482.340
1623.	R.	599.991.519	1659.	R. 798.111.592
1624.	R.	817.667.424	1660.	R. 650.513.462
1625.	R.	638.851.799	1661.	R. 357.933.015
1626.	R.	154.723.800	1662.	R. 222.223.990
1627.	R.	175.272.168	1663.	R. 287.127.232
1628.	R.	319.257.972	1664.	R. 327.801.462
1629.	R.	158.877.421	1665.	R. 400.110.300
1630.	R.	455.471.640	1666.	R. 613.488.150
1631.	R.	298.762.896	1667.	R. 243.230.250
1632.	R.	566.626.736	1668.	R. 280.679.685
1633.	R.	856.381.853	1669.	R. 186.260.598
1634.	R.	638.305.920	1670.	R. 822.595.268
1635.	R.	146.813.100	1671.	R. 607.823.865
1636.	R.	195.309.200	1672.	R. 231.814.916
1637.	R.	264.665.519	1673.	R. 315.813.003
1638.	R.	208.772.304	1674.	R. 654.626.448
1639.	R.	453.305.664	1675.	R. 267.845.983
1640.	R.	515.575.487	1676.	R. 147.745.223
1641.	R.	473.885.721	1677.	R. 706.742.820
1642.	R.	717.423.840	1678.	R. 670.182.771
1643.	R.	678.343.486	1679.	R. 810.308.313

1680	475.709.453 752	1698	598.976.487 607	1716	984.495.384 650
1681	798.945.653 854	1699	976.789.857 761	1717	674.758.437 759
1682	807.497.875 965	1700	698.792.387 841	1718	787.834.789 805
1683	956.676.476 756	1701	967.845.796 954	1719	890.456.823 987
1684	466.007.452 817	1702	895.746.846 107	1720	878.947.537 100
1685	875.307.429 978	1703	978.574.946 291	1721	997.457.894 207
1686	945.427.953 479	1704	679.789.840 372	1722	769.677.564 345
1687	659.853.927 745	1705	978.876.456 452	1723	689.834.954 678
1688	746.784.957 976	1706	769.457.989 509	1724	987.654.854 895
1689	678.987.978 827	1707	897.876.954 600	1725	678.896.453 745
1690	879.769.652 498	1708	978.674.856 721	1726	768.953.827 607
1691	746.779.478 979	1709	796.784.694 804	1727	487.954.957 705
1692	975.784.899 802	1710	789.657.496 976	1728	676.879.745 807
1693	854.753.907 743	1711	896.847.986 164	1729	487.976.456 945
1694	897.654.689 345	1712	767.986.476 384	1730	875.407.907 657
1695	984.794.847 456	1713	896.794.589 376	1731	754.307.957 785
1696	657.984.854 513	1714	976.654.807 425	1732	895.456.376 769
1697	696.007.453 673	1715	897.807.006 576	1733	304.857.950 897

1680.	R.	753.733.508.656	1707.	R.	538.726.172.400

Año	Valor	Año	Valor
1680. R. 753.733.508.656	1707. R. 538.726.172.400
1681. R. 682.299.587.656	1708. R. 705.624.571.176
1682. R. 779.235.449.372	1709. R. 640.614.893.976
1683. R. 723.474.215.856	1710. R. 770.705.716.096
1684. R. 380.728.088.284	1711. R. 147.083.069.704
1685. R. 856.050.665.562	1712. R. 294.906.806.784
1686. R. 452.859.989.487	1713. R. 337.194.765.464
1687. R. 491.591.175.615	1714. R. 415.078.292.975
1688. R. 728.862.118.032	1715. R. 517.136.835.456
1689. R. 561.523.057.806	1716. R. 639.921.999.600
1690. R. 438.125.286.696	1717. R. 512.141.653.683
1691. R. 731.097.108.962	1718. R. 634.207.005.145
1692. R. 782.579.488.998	1719. R. 878.880.884.301
1693. R. 635.082.152.901	1720. R. 87.894.753.700
1694. R. 309.690.867.705	1721. R. 206.473.784.058
1695. R. 449.066.450.232	1722. R. 265.538.759.580
1696. R. 340.836.154.372	1723. R. 467.708.098.812
1697. R. 468.413.015.869	1724. R. 883.951.094.330
1698. R. 363.578.727.609	1725. R. 505.777.857.485
1699. R. 743.337.081.177	1726. R. 466.754.972.989
1700. R. 587.684.397.467	1727. R. 344.008.244.685
1701. R. 923.324.889.384	1728. R. 546.241.954.215
1702. R. 95.844.912.522	1729. R. 461.137.750.920
1703. R. 284.765.309.286	1730. R. 575.142.994.899
1704. R. 252.881.820.480	1731. R. 592.131.746.245
1705. R. 442.452.158.112	1732. R. 688.605.953.144
1706. R. 391.654.116.401	1733. R. 273.457.581.150

1734	547.874 1.076	1752	746.677 1.452	1770	489.879 1.072	1788	976.452 1.078
1735	954.654 7.457	1753	978.457 2.375	1771	469.889 2.004	1789	834.753 2.475
1736	853.769 3.289	1754	895.765 3.726	1772	576.478 3.007	1790	456.854 3.725
1737	849.654 4.507	1755	674.894 4.007	1773	874.95. 4.057	1791	769.456 4.723
1738	749.874 5.070	1756	674.595 5.734	1774	676.489 5.360	1792	690.790 5.709
1739	847.654 6.405	1757	476.897 6.875	1775	827.579 6.405	1793	456.376 6.482
1740	747.876 7.487	1758	987.494 7.458	1776	748.356 7.007	1794	805.479 3.467
1741	754.679 8 435	1759	796.785 8.343	1777	957.834 8.876	1795	674.825 8.907
1742	457.854 9.768	1760	687.807 9.201	1778	654.267 9.465	1796	975.406 5.678
1743	679.456 1.304	1761	700.789 1.425	1779	987.824 1.076	1797	807.405 4.937
1744	947.856 2 547	1762	654.827 2.347	1780	689.587 2.007	1798	794.307 8.418
1745	978.454 3.078	1763	789.456 3.453	1781	895.677 3.457	1799	357.483 3.568
1746	837.954 4.527	1764	476.895 4.070	1782	987.684 4.567	1800	279.456 4.768
1747	576.453 5.600	1765	746.954 5.672	1783	895.769 5.785	1801	889.654 6.547
1748	827.546 6.276	1766	727.968 6.376	1784	987.686 6.219	1802	654.074 9.875
1749	769.460 7.452	1767	479.689 7.450	1785	585.689 7.450	1803	879.045 4.684
1750	879.456 8.307	1768	895.679 8.270	1786	543.896 8.327	1804	409.376 8.945
1751	789.734 9.007	1769	576.676 9.207	1787	543.956 9.475	1805	743.674 6.742

1734.	R.	589.512.424	1770.	R.	525.150.288
1735.	R.	7.118.854.878	1771.	R.	941.657.556
1736.	R.	2.808.046.241	1772.	R.	1.733.469.346
1737.	R.	3.829.390.578	1773.	R.	3.549.822.259
1738.	R.	3.801.861.180	1774.	R.	3.625.981.040
1739.	R.	5.429.223.870	1775.	R.	5.300.643.495
1740.	R.	5.599.347.612	1776.	R.	5.243.730.492
1741.	R.	6.365.717.365	1777.	R.	8.501.734.584
1742.	R.	4.472.317.872	1778.	R.	6.192.637.155
1743.	R.	886.010.624	1779.	R.	1.062.898.624
1744.	R.	2.414.189.232	1780.	R.	1.384.001.109
1745.	R.	3.011.681.412	1781.	R.	3.096.355.389
1746.	R.	3.793.417.758	1782.	R.	4.510.752.828
1747.	R.	3.228.136.800	1783.	R.	5.182.023.665
1748.	R.	5.193.678.696	1784.	R.	6.142.419.234
1749.	R.	5.734.015.920	1785.	R.	4.363.383.050
1750.	R.	7.305.640.992	1786.	R.	4.529.021.992
1751.	R.	7.113.134.138	1787.	R.	5.153.983.100
1752.	R.	1.084.175.004	1788.	R.	1.052.615.256
1753.	R.	2.323.845.375	1789.	R.	2.066.013.675
1754.	R.	3.337.620.390	1790.	R.	1.701.781.150
1755.	R.	2.704.300.258	1791.	R.	3.634.140.688
1756.	R.	3.888.365.580	1792.	R.	3.943.720.110
1757.	R.	3.278.666.875	1793.	R.	2.958.229.232
1758.	R.	7.364.730.25	1794.	R.	2.792.595.693
1759.	R.	6.647.577.255	1795.	R.	6.010.666.275
1760.	R.	6.328.512.207	1796.	R.	5.538.355.268
1761.	R.	998.624.325	1797.	R.	3.986.158.485
1762.	R.	1.536.878.969	1798.	R.	6.686.476.326
1763.	R.	2.725.991.568	1799.	R.	1.275.499.344
1764.	R.	1.940.962.650	1800.	R.	1.332.446.208
1765.	R.	4.236.723.088	1801.	R.	5.824.564.738
1766.	R.	4.641.523.968	1802.	R.	6.458.980.750
1767.	R.	3.573.683.050	1803.	R.	4.117.446.780
1768.	R.	7.407.265.330	1804.	R.	3.661.868.320
1769.	R.	5.309.455.932	1805.	R.	5.013.850.108

1806	457.670.087 4.564	1824	365.654.574 6.425	1842	587.789.864 6.005
1807	974.670.087 8.978	1825	478.956.826 7.432	1843	876.694.654 9.025
1808	874.345.054 6.978	1826	953.769.476 8.421	1844	497.364.956 8.470
1809	847.067.009 4.768	1827	807.489.856 9.076	1845	484.984.805 9.754
1810	475.087.654 7.498	1828	456.769.859 1.754	1846	576.976.474 1.796
1811	567.004.980 7.487	1829	980.479.879 2.005	1847	487.847.207 2.450
1812	679.009.675 6.589	1830	815.456.789 3.575	1848	879.947.953 3.785
1813	345.074.854 4.781	1831	478.589.875 4.357	1849	653.875.450 4.690
1814	347.654.857 9.874	1832	789.987.654 5.467	1850	789.756.472 5.796
1815	976.405.674 9.876	1833	978.978.576 6.427	1851	589.047.207 2.450
1816	547.689.476 7.407	1834	375.456.347 7.524	1852	879.747.653 3.785
1817	764.897.695 8.007	1835	454.879.456 8.419	1853	653.875.450 4.690
1818	847.987.574 9.075	1836	877.898.701 9.476	1854	789.756.472 5.796
1819	973.895.676 1.087	1837	579.900.746 1.347	1855	877.986.755 6.790
1820	475.795.834 2.076	1838	608.908.407 2.357	1856	543.989.765 7.894
1821	785.747.827 3.476	1839	907.987.456 3.456	1857	879.847.654 7.646
1822	807.954.369 4.637	1840	654.476.889 4.789	1858	478.989.765 8.765
1823	584.476.854 5.728	1841	365.674.987 5.321	1859	937.497.895 9.769

1806.	R. 2.088.806.277.068	1833.	R. 6.291.895.307.952
1807.	R. 8.750.588.041.086	1834.	R. 2.824.933.554.828
1808.	R. 6.101.179.786.812	1835.	R. 3.829.630.840.064
1809.	R. 4.038.815.498.912	1836.	R. 8.318.968.090.676
1810.	R. 3.562.207.229.692	1837.	R. 781.126.304.862
1811.	R. 4.245.166.285.260	1838.	R. 1.435.197.115.299
1812.	R. 4.473.994.748.575	1839.	R. 3.138.004.647.936
1813.	R. 1.649.802.876.974	1840.	R. 3.134.289.821.421
1814.	R. 3.432.744.058.018	1841.	R. 1.945.756.605.827
1815.	R. 9.642.982.436.424	1842.	R. 3.529.678.133.320
1816.	R. 4.056.735.948.732	1843.	R. 7.912.169.252.350
1817.	R. 6.124.535.843.865	1844.	R. 4.212.681.177.320
1818.	R. 7.695.487.234.050	1845.	R. 4.730.541.787.970
1819.	R. 1.058.624.599.812	1846.	R. 1.036.249.747.304
1820.	R. 987.752.152.384	1847.	R. 1.195.225.657.150
1821.	R. 2.731.259.446.652	1848.	R. 3.330.603.002.105
1822.	R. 3.746.484.409.053	1849.	R. 3.066.675.860.500
1823.	R. 3.347.883.419.712	1850.	R. 4.577.428.511.712
1824.	R. 2.349.330.637.950	1851.	R. 1.443.165.657.150
1825.	R. 3.559.607.130.832	1852.	R. 3.328.844.866.605
1826.	R. 8.031.792.757.396	1853.	R. 3.066.667.860.500
1827.	R. 7.328.777.933.056	1854.	R. 4.577.428.511.712
1828.	R. 801.174.332.686	1855.	R. 5.961.530.066.605
1829.	R. 1.965.862.157.395	1856.	R. 4.294.255.204.910
1830.	R. 2.915.258.020.675	1857.	R. 6.727.315.162.484
1831.	R. 2.085.216.085.375	1858.	R. 4.198.345.290.225
1832.	R. 4.318.862.504.418	1859.	R. 9.158.416.936.255

1860	546.876 94.347	1878	794.354 80.054	1896	654.276 47.689	1914	789.434 64.257
1861	974.357 95.684	1879	694.357 47.876	1897	376.542 97.864	1915	654.276 45.678
1862	845.906 87.976	1880	489.656 74.879	1898	534.857 94.254	1916	987.834 98.654
1863	754.276 47.839	1881	678.954 87.859	1899	927.854 36.956	1917	804.532 79.465
1864	807.956 45.674	1882	786.789 69.854	1900	845.647 76.894	1918	867.453 96.207
1865	840.756 95.867	1883	674.352 42.065	1901	765.435 46.893	1919	674.875 85.384
1866	747.865 98.342	1884	874.327 53.476	1902	956.433 77.807	1920	976.436 90.074
1867	765.869 34.578	1885	675.487 80.076	1903	940.075 78.956	1921	987.407 98.307
1868	759.364 27 895	1886	437.852 76.907	1904	754.276 85.947	1922	546.743 98.765
1869	875.794 37.896	1887	671.032 69.078	1905	954.276 79.456	1923	764.925 64.875
1870	987.654 65.437	1888	780.075 49.075	1906	897.456 87.493	1924	695.468 98.765
1871	943.765 89.374	1889	476.843 85.654	1907	765.435 97.875	1925	840.677 50.274
1872	674.307 42.765	1890	947.654 36.744	1908	654.375 84.296	1926	654.857 80 076
1873	274.375 97.684	1891	876.492 79.854	1909	674.354 96.746	1927	748.357 85 307
1874	796.465 74.354	1892	478.957 56.876	1910	876.452 70.809	1928	976 464 60.054
1875	470.076 74.294	1893	764.307 79.654	1911	604.352 47.689	1929	854.307 67.084
1876	653.074 70.045	1894	764.854 37.654	1912	764.253 76.454	1930	750.074 85.656
1877	764.385 45.678	1895	940.768 70.004	1913	893.507 76.489	1931	976.874 37.495

1860. R. 51.596.109.972	1896. R. 31.201.768.164
1861. R. 93.230.375.188	1897. R. 36.849.906.288
1862. R. 74.419.426.256	1898. R. 50.412.411.678
1863. R. 36.083.809.564	1899. R. 34.289.772.424
1864. R. 36.902.582.344	1900. R. 65.025.180.418
1865. R. 80.600.755.452	1901. R. 35.893.543.455
1866. R. 73.546.539.830	1902. R. 74.417.182.431
1867. R. 26.482.218.282	1903. R. 74.224.561.700
1868. R. 21.182.458.780	1904. R. 64.827.759.372
1869. R. 33.189.089.424	1905. R. 75.822.953.856
1870. R. 64.629.114.798	1906. R. 78.521.117.808
1871. R. 84.348.053.110	1907. R. 74.916.950.625
1872. R. 28.836.738.855	1908. R. 55.161.195.000
1873. R. 26.802.047.500	1909. R. 65.241.052.084
1874. R. 59.220.358.610	1910. R. 62.060.689.668
1875. R. 34.923.826.344	1911. R. 28.820.942.528
1876. R. 45.744.568.330	1912. R. 58.430.198.862
1877. R. 34.915.578.030	1913. R. 68.343.456.923
1878. R. 63.591.215.116	1914. R. 50.726.724.795
1879. R. 33.243.035.732	1915. R. 29.886.019.128
1880. R. 36.664.951.624	1916. R. 97.455.748.516
1881. R. 59.652.219.486	1917. R. 63.932.135.380
1882. R. 54.960.358.806	1918. R. 83.455.050.771
1883. R. 28.366.616.880	1919. R. 57.623.527.000
1884. R. 46.755.510.652	1920. R. 87.951.496.264
1885. R. 54.090.297.012	1921. R. 97.069.019.949
1886. R. 33.673.883.764	1922. R. 53.999.072.395
1887. R. 46.560.782.496	1923. R. 49.624.509.375
1888. R. 38.282.180.625	1924. R. 68.687.897.020
1889. R. 40.843.510.322	1925. R. 42.263.893.854
1890. R. 34.820.598.576	1926. R. 52.438.329.132
1891. R. 69.991.392.168	1927. R. 63.840.090.599
1892. R. 27.241.158.332	1928. R. 58.640.569.056
893. R. 60.880.109.778	1929. R. 57.310.330.788
894. R. 28.799.812.516	1930. R. 64.248.338.544
895. R. 65.857.523.072	1931. R. 36.627.890.630

N°	Multiplicande / Multiplicateur	N°	Multiplicande / Multiplicateur	N°	Multiplicande / Multiplicateur	N°	Multiplicande / Multiplicateur
1932	890.000 / 7.000	1950	920.000 / 7.800	1968	870.000 / 54.600	1986	964.000 / 2.500
1933	540.090 / 6.900	1951	405.000 / 4.760	1969	375.400 / 92.700	1987	914.400 / 7.200
1934	650.000 / 8.400	1952	480.000 / 5.000	1970	875.400 / 96.600	1988	851.000 / 6.900
1935	750.000 / 9.700	1953	745.000 / 6.700	1971	746.300 / 75.200	1989	781.000 / 1.900
1936	810.000 / 47.000	1954	990.000 / 3.490	1972	454.000 / 2.500	1990	697.800 / 1.600
1937	425.000 / 6.500	1955	753.400 / 7.500	1973	970.000 / 4.000	1991	977.700 / 4.900
1938	780.000 / 4.000	1956	507.000 / 450	1974	684.000 / 1.200	1992	246.000 / 4.200
1939	890.000 / 7.500	1957	905.000 / 8.700	1975	987.400 / 7.000	1993	760.000 / 74.200
1940	407.000 / 4.500	1958	854.000 / 7.500	1976	874.000 / 700	1994	809.000 / 95.600
1941	230.000 / 4.900	1959	974.000 / 65.400	1977	745.000 / 6.000	1995	742.800 / 47.000
1942	890.000 / 79.000	1960	940.000 / 7.600	1978	996.000 / 7.900	1996	760.000 / 46.200
1943	741.000 / 95.000	1961	475.300 / 96.700	1979	857.100 / 1.900	1997	876.000 / 42.000
1944	975.000 / 70.400	1962	840.000 / 9.650	1980	735.000 / 16.000	1998	890.000 / 98.400
1945	604.000 / 702.000	1963	975.400 / 87.500	1981	549.000 / 45.000	1999	794.000 / 97.400
1946	925.000 / 78.000	1964	756.600 / 9.740	1982	823.000 / 21.400	2000	670.000 / 45.000
1947	504.000 / 7.600	1965	980.000 / 8.450	1983	611.000 / 7.400	2001	870.000 / 47.900
1948	820.000 / 74.300	1966	670.000 / 47.500	1984	759.000 / 2.700	2002	675.400 / 76.000
1949	650.000 / 72.000	1967	987.000 / 89.000	1985	827.500 / 3.400	2003	980.000 / 79.000

1932.	R.	6.230.000.000		9168.	R.	47.502.000.000
1933.	R.	3.726.621.000		1969.	R.	34.799.580.000
1934.	R.	5.460.000.000		1970.	R.	84.563.640.000
1935.	R.	7.275.000.000		1971.	R.	56.121.760.000
1936.	R.	38.070.000.000		1972.	R.	1.135.000.000
1937.	R.	2.762.500.000		1973.	R.	3.880.000.000
1938.	R.	3.120.000.000		1974.	R.	820.800.000
1939.	R.	6.675.000.000		1975.	R.	6.911.800.000
1940.	R.	1.831.500.000		1976.	R.	611.800.000
1941.	R.	1.127.000.000		1977.	R.	4.470.000.000
1942.	R.	70.310.000.000		1978.	R.	7.868.400.000
1943.	R.	70.395.000.000		1979.	R.	1.628.490.000
1944.	R.	68.640.000.000		1980.	R.	11.760.000.000
1945.	R.	424.008.000.000		1981.	R.	24.705.000.000
1946.	R.	72.150.000.000		1982.	R.	17.612.200.000
1947.	R.	3.830.400.000		1983.	R.	4.521.400.000
1948.	R.	60.926.000.000		1984.	R.	2.049.300.000
1949.	R.	46.800.000.000		1985.	R.	2.813.500.000
1950.	R.	7.176.000.000		1986.	R.	2.410.000.000
1951.	R.	1.927.800.000		1987.	R,	6.583.680.000
1952.	R.	2.400.000.000		1988.	R.	5.871.900.000
1953.	R.	4.991.500.000		1989.	R.	1.483.900.000
1954.	R.	3.455.100.000		1990.	R.	1.116.480.000
1955.	R.	5.650.500.000		1991.	R.	4.790.730.000
1956.	R.	228.150.000		1992.	R.	1.033.200.000
1957.	R.	7.873.500.000		1993.	R.	56.392.000.000
1958.	R.	6.405.000.000		1994.	R.	77.340.400.000
1959.	R.	63.699.600.000		1995.	R.	34.911.600.000
1960.	R.	7.144.000.000		1996.	R.	35.112.000.000
1961.	R.	45.961.510.000		1997.	R.	36.792.000.000
1962.	R.	8.106.000.000		1998.	R.	87.576.000.000
1963.	R.	85.347.500.000		1999.	R.	77.335.600.000
1964.	R.	7.305.000.000		2000.	R.	30.150.000.000
1965.	R.	8.281.000.000		2001.	R.	41.673.383.200
1966.	R.	31.825.000.000		2002.	R.	51.330.400.000
1967.	R.	87.843.000.000		2003.	R.	77.420.000.000

N. B. Lorsque le multiplicande ou le multiplicateur,
ou même tous les deux sont terminés à droite par des
zéros, on multiplie les deux nombres sans tenir compte
des zéros ; mais on a soin d'écrire à la droite du produit
autant de zéros qu'il y en a à la fin du multiplicande et
du multiplicateur. (*Voyez page* 37.)

N°		N°		N°	
2004	548.700.000 47.000	2022	563.002.000 827.400	2040	680.090.000 589.000
2005	823.000.000 754.000	2023	500.040.000 300.700	2041	740.050.000 897.400
2006	307.450.000 754.000	2024	670.709.000 500.400	2042	300.400.000 800.700
2007	699.400.000 834.000	2025	600.301.000 400.700	2043	450.040.000 89.400
2008	549.000.000 427.000	2026	820.030.000 5.400.700	2044	800.900.000 705.000
2009	679.780.000 78.500	2027	300.740.000 897.000	2045	470.060.000 453.000
2010	987.654.000 6.540	2028	975.007.000 457.600	2046	607.040.000 50.700
2011	927.540.000 896.500	2029	872.004.000 700.500	2047	460.070.000 35.400
2012	475.000.000 7.964.000	2030	605.004.000 900.700	2048	607.090.000 40.700
2013	824.700.000 497.000	2031	845.004.000 700.040	2049	795.600.000 896.000
2014	567.450.000 794.300	2032	607.001.000 400.500	2050	452.850.000 764.800
2015	542.570.000 69.400	2033	370.090.000 47.900	2051	674.870.000 795.600
2016	893.700.000 457.000	2034	675.007.000 790.000	2052	478.769.000 450.000
2017	657.430.000 879.400	2035	570.080.000 34.500	2053	876.470.000 740.800
2018	754.600.000 529.000	2036	670.080.000 896.000	2054	807.450.000 794.000
2019	895.790.000 49.500	2037	790.040.000 764.000	2055	654.850.000 974.000
2020	659.070.000 80.400	2038	670.090.000 456.000	2056	795.654.000 84.700
2021	760.040.000 400.700	2039	740.070.000 45.000	2057	405.974.800 45.000

2004. R. 25.788.900.000.000
2005. R. 620.542.000.000.000
2006. R. 231.817.300.000.000
2007. R. 583.299.600.000.000
2008. R. 234.423.000.000.000
2009. R. 53.362.730.000.000
2010. R. 6.459.257.160.000
2011. R. 831.539.610.000.000
2012. R. 3.782.900.000.000.000
2013. R. 409.875.900.000.000
2014. R. 450.725.535.000.000
2015. R. 37.654.358.000.000
2016. R. 408.420.900.000.000
2017. R. 578.143.942.000.000
2018. R. 399.183.400.000.000
2019. R. 44.341.605.000.000
2020. R. 52.989.228.000.000
2021. R. 304.548.028.000.000
2022. R. 465.827.854.800.000
2023. R. 15.036.202.800.000
2024. R. 335.6522.783.600.00
2025. R. 240.40.610.700.0000
2026. R. 4.428.736.021.000.000
2027. R. 269.763.780.000.000
2028. R. 446.163.203.200.000
2029. R. 610.838.802.000.000
2030. R. 544.927.102.800.000

2031. R. 591.536.600.160.000
2032. R. 243.103.900.500.000
2033. R. 17.727.311.000.000
2034. R. 533.255.530.000.000
2035. R. 19.667.760.000.000
2036. R. 600.391.680.000.000
2037. R. 603.590.560.000.000
2038. R. 305.561.040.000.000
2039. R. 33.303.150.009.000
2040. R. 400.573.010.000.000
2041. R. 664.120.870.000.000
2042. R. 240.530.280.000.000
2043. R. 40.233.576.000.000
2044. R. 564.634.500.000.000
2045. R. 212.937.180.000.000
2046. R. 30.776.928.000.000
2047. R. 16.286.478.000.000
2048. R. 24.708.563.000.000
2049. R. 712.857.600.000.000
2050. R. 316.339.680.000.000
2051. R. 536.926.572.000.000
2052. R. 215.446.050.000.000
2053. R. 649.288.976.000.000
2054. R. 641.115.300.000.000
2055. R. 637.823.900.000.000
2056. R. 67.391.893.800.000
2057. R. 18.268.866.000.000

MULTIPLICATIONS

dont les facteurs sont terminés par des zéros.

2005	2026
823.000.000	820.030.000
754.000	5.400.700

2005

$$823.000.000$$
$$754.000$$

$$3\ 292$$
$$41\ 15$$
$$576\ 1$$
$$\overline{620.542.000.000.000}$$

2026

$$820.030.000$$
$$5.400.700$$

$$574\ 021$$
$$328\ 012\ 00$$
$$4\ 100\ 15$$
$$\overline{4.428.736.021.000.000}$$

2058	787.254, 25 74	2076	595.960, 078 697	2094	540.807, 45 7.986
2059	679.349, 875 98	2077	198.793, 001 974	2095	176.986, 405 8.479
2060	874.549, 765 59	2078	557.276, 027 749	2096	149.653, 805 4.987
2061	765.679, 854 78	2079	25.490, 005 678	2097	239.576, 003 7.968
2062	898.747, 94 49	2080	819.765, 079 456	2098	760.545, 755 3.275
2063	794.377, 225 59	2081	654.837, 679 796	2099	690.523, 414 47.907
2064	456.574, 897 48	2082	647.972, 829 984	2100	590.009, 203 78.965
2065	487.789, 095 57	2083	627.454, 075 627	2101	470.075, 237 89.423
2066	545.647, 235 75	2084	47.907, 853 685	2102	540.075, 237 68.975
2067	883.749, 005 89	2085	774.357, 907 897	2103	450.845, 74 47.496
2068	687.451, 25 375	2086	774.357, 907 568	2104	697.485, 705 56.497
2069	354.835, 27 459	2087	557.800, 004 786	2105	705.496, 855 9.496
2070	795.678, 745 786	2088	674.705, 654 709	2106	970.075, 085 79.826
2071	498.957, 57 486	2089	951.654, 847 976	2107	654.325, 452 47.432
2072	787.945, 235 798	2090	980.017, 004 678	2108	845.974, 075 20.327
2073	598.075, 745 476	2091	872.072, 004 849	2109	943.765, 45 37.048
2074	287.407, 617 897	2092	764.527, 907 679	2110	345.678, 075 44.695
2075	674.257, 815 978	2093	340.705, 805 4.387	2111	745.643, 25 84.796

2058.	R.	58.256.814	, 50	2076.	R.	415.384.174	, 366
2059.	R.	66.576.287	, 750	2077.	R.	193.624.382	, 974
2060.	R.	51.598.436	, 135	2078.	R.	417.399.744	, 223
2061.	R.	59.723.028	, 712	2079.	R.	17.282.223	, 390
2062.	R.	44.038.649	, 060	2080.	R.	373.812.876	, 024
2063.	R.	46.868.256	, 275	2081.	R.	521.250.792	, 484
2064.	R.	21.915.595	, 056	2082.	R.	637.605.263	, 736
2065.	R.	27.803.978	, 415	2083.	R.	393.413.705	, 025
2066.	R.	40.923.542	, 625	2084.	R.	32.816.879	, 305
2067.	R.	78.653.661	, 445	2085.	R.	694.599.042	, 579
2068.	R.	257.794.218	, 750	2086.	R.	439.835.291	, 176
2069.	R.	162.869.388	, 930	2087.	R.	438.430.803	, 144
2070.	R.	625.403.493	, 570	2088.	R.	478.366.308	, 686
2071.	R.	242.493.379	, 020	2089.	R.	928.815.130	, 672
2072.	R.	628.780.297	, 530	2090.	R.	664.451.528	, 712
2073.	R.	284.684.054	, 620	2091.	R.	740.389.131	, 396
2074.	R.	257.804.632	, 449	2092.	R.	519.114.448	, 853
2075.	R.	659.424.143	, 070	2093.	R.	494.676.366	, 535

2094.	R.	4.318.888.295	, 700
2095.	R.	1.500.667.727	, 995
2096.	R.	746.323.525	, 535
2097.	R.	1.908.941.591	, 904
2098.	R.	2.490.787.347	, 625
2099.	R.	33.080.905.194	, 498
2100.	R.	46.590.076.714	, 895
2101.	R.	42.035.537.918	, 251
2102.	R.	37.251.689.472	, 075
2103.	R.	21.413.369.267	, 040
2104.	R.	39.405.849.875	, 385
2105.	R.	6.699.398.135	, 080
2106.	R.	77.437.213.735	, 210
2107.	R.	31.035.964.839	, 264
2108.	R.	17.196.415.022	, 525
2109.	R.	34.964.622.394	, 600
2110.	R.	15.450.081.562	, 125
2111.	R.	63.227.565.027	

2112	545.676 29, 125	2130	174.089 786, 025	2148	796.654 79, 850
2113	767.896 53, 475	2131	975.687 906, 078	2149	687.009 87, 870
2114	658.479 47, 79	2132	740.796 291, 457	2150	954.376 95, 008
2115	937.004 9, 875	2133	547.374 700, 09	2151	978.654 83, 083
2116	784.367 29, 5	2134	678.457 604, 539	2152	676.257 89, 175
2117	674.347 154, 7	2135	856.374 596, 007	2153	746.589 698, 765
2118	954.327 84, 05	2136	975.453 379, 025	2154	859.407 524, 689
2119	471.089 9, 765	2137	820.071 76, 425	2155	975.009 47, 007
2120	974.076 8, 765	2138	937.095 670, 007	2156	987.879 9, 760
2121	345.807 29, 025	2139	417.896 47, 005	2157	407.854 357, 025
2122	975.352 17, 05	2140	534.624 53, 075	2158	607.456 874, 95
2123	985.807 27, 05	2141	579.008 78, 425	2159	543.807 543, 507
2124	674.257 49, 054	2142	950.357 149, 078	2160	670.407 854, 354
2125	689.853 76, 075	2143	879.654 78, 096	2161	784.321 78, 025
2126	647.835 42, 05	2144	456.089 78, 08	2162	651.476 97, 005
2127	340.525 746, 425	2145	980.765 47, 206	2163	741.007 69, 305
2128	540.857 256, 578	2146	745.689 789, 006	2164	542.805 37, 450
2129	980.075 547, 076	2147	789.376 764, 576	2165	807.904 752, 459

2112. R. 15.892.813 , 5	2139. R. 19.643.201 , 480
2113. R. 41.063.238 , 6	2140. R. 28.375.168 , 8
2114. R. 31.468.711 , 41	2141. R. 45.408.702 , 4
2115. R. 9.252.914 , 5	2142. R. 141.677.320 , 846
2116. R. 23.138.826 , 5	2143. R. 68.697.458 , 784
2117. R. 104.321.480 , 9	2144. R. 35.611.429 , 12
2118. R. 80.211.184 , 35	2145. R. 46.297.992 , 59
2119. R. 4.600.184 , 085	2146. R. 588.353.095 , 134
2120. R. 8.537.776 , 140	2147. R. 603.537.944 , 576
2121. R. 10.037.048 , 175	2148. R. 63.617.601 , 824
2122. R. 16.629.751 , 6	2149. R. 60.371.602 , 884
2123. R. 26.666.079 , 35	2150. R. 90.673.355 , 008
2124. R. 33.075.002 , 878	2151. R. 81.309.510 , 282
2125. R. 52.480.566 , 975	2152. R. 60.305.217 , 975
2126. R. 27.241.461, 7 5	2153. R. 521.690.262 , 855
2127. R. 254.176.373 , 125	2154. R. 450.921.399 , 423
2128. R. 138.772.007 , 346	2155. R. 45.832.248 , 063
2129. R. 536.175.510 , 7	2156. R. 9.641.699 , 040
2130. R. 136.838.306 , 225	2157. R. 145.614.074 , 350
2131. R. 884.048.525 , 586	2158. R. 531.493.627 , 20
2132. R. 215.910.179 , 772	2159. R. 295.562.911 , 149
2133. R. 383.211.063 , 66	2160. R. 572.764.902 , 078
2134. R. 410.153.716 , 323	2161. R. 61.196.646 , 025
2135. R. 510.404.898 , 618	2162. R. 63.196.429 , 380
2136. R. 369.721.07 , 3253	2163. R. 51.355.490 , 135
2137. R. 62.673.926 , 175	2164. R. 20.328.047 , 250
2138. R. 627.860.209 , 665	2165. R. 607.908.980 , 608

2166	0, 75425 0, 054	2184	0, 5469 0, 07	2202	6, 47095 0, 579	2220	9, 405 6, 05
2167	0, 4764 0, 897	2185	0, 6458 0, 03	2203	7, 4748 0, 405	2221	9, 605 4, 32
2168	0, 59465 0, 787	2186	0, 405 0, 075	2204	1, 2476 0, 905	2222	5, 008 4, 056
2169	0, 546 0, 27	2187	0, 8357 0, 045	2205	0, 9876 7, 009	2223	9, 565 3, 007
2170	0, 87565 0, 745	2188	0, 03767 0, 024	2206	6, 6546 0, 35	2224	4, 376 2, 95
2171	0, 45549 0, 257	2189	0, 0574 0, 035	2207	0, 6742 0, 75	2225	6, 425 7, 907
2172	0, 7497 0, 275	2190	0, 0173 0, 009	2208	8, 07594 0, 004	2226	5, 4564 9, 875
2173	0, 4896 0, 37	2191	0, 0747 0, 145	2209	9, 7659 0, 837	2227	2, 6789 3, 007
2174	0, 327 0, 46	2192	0, 8759 0, 076	2210	0, 5632 0, 479	2228	5, 6485 8, 405
2175	0, 9764 0, 39	2193	0, 6754 0, 059	2211	6, 86452 0, 6745	2229	8, 4059 6, 75
2176	0, 6546 0, 05	2194	0, 79645 0, 85	2212	5, 4675 0, 0594	2230	4, 8055 4, 975
2177	0, 0475 0, 22	2195	0, 7596 0, 054	2213	0, 0797 9, 4004	2231	7, 5675 3, 764
2178	0, 0767 0, 42	2196	0, 7046 0, 809	2214	7, 3905 0, 907	2232	7, 8475 5, 405
2179	0, 706 0, 89	2197	0, 45654 9, 75	2215	0, 4356 0, 7409	2233	4, 205 9, 7475
2180	0, 809 0, 76	2198	0, 7056 6, 47	2216	9, 205 7, 076	2234	9, 4576 9, 845
2181	0, 37507 0, 054	2199	0, 8407 0, 179	2217	7, 459 6, 27	2235	5, 9745 9, 865
2182	0, 4586 0, 07	2200	0, 3747 4, 495	2218	8, 907 9, 405	2236	5, 6547 8, 795
2183	0, 37465 0, 24	2201	0, 7094 3, 908	2219	5, 045 3, 217	2237	6, 4765 9, 805

2166. R. 0 , 040.729.500
2167. R. 0 , 427.330.800
2168. R. 0 , 467.989.550
2169. R. 0 , 147.420
2170. R. 0 , 652.359.250
2171. R. 0 , 117.060.930
2172. R. 0 , 206.167.500
2173. R. 0 , 181.152
2174. R. 0 , 150.420
2175. R. 0 , 380.796
2176. R. 0 , 032.730
2177. R. 0 , 010.450
2178. R. 0 , 032.214
2179. R. 0 , 628.340
2180. R. 0 , 614.840
2181. R. 0 , 020.253.780
2182. R. 0 , 032.102
2183. R. 0 , 089.916
2184. R. 0 , 038.283
2185. R. 0 , 019.374
2186. R. 0 , 030.375
2187. R. 0 , 037.606.500
2188. R. 0 , 000.904.080
2189. R. 0 , 002.009
2190. R. 0 , 000.155.700
2191. R. 0 , 010.831.500
2192. R. 0 , 066.568.400
2193. R. 0 , 039.848.600
2194. R. 0 , 676.982.500
2195. R. 0 , 041.018.400
2196. R. 0 , 570.021.400
2197. R. 4 , 451.265
2198. R. 4 , 565.232
2199. R. 0 , 150.485.300
2200. R. 1 , 684.276.500
2201. R. 2 , 772.335.200

2202. R. 3 , 746.680.050
2203. R. 3 , 027.294
2204. R. 1 , 129.078
2205. R. 6 , 922.088.400
2206. R. 2 , 329.110
2207. R. 0 , 505.650
2208. R. 0 , 032.303.760
2209. R. 8 , 174.058.300
2210. R. 0 , 269.772.800
2211. R. 4 , 630.118.740
2212. R. 0 , 324.769.500
2213. R. 0 , 749.211.880
2214. R. 6 , 703.183.500
2215. R. 0 , 322.736.040
2216. R. 65 , 134.580
2217. R. 46 , 767.930
2218. R. 83 , 770.335
2219. R. 16 , 229.765
2220. R. 56 , 900.250
2221. R. 41 , 493.600
2222. R. 20 , 312.448
2223. R. 28 , 761.955
2224. R. 12 , 909.200
2225. R. 50 , 802.475
2226. R. 53 , 881.950
2227. R. 8 , 055.452.300
2228. R. 47 , 475.642.500
2229. R. 56 , 739.825
2230. R. 23 , 907.362.500
2231. R. 28 , 484.070
2232. R. 42 , 415.737.500
2233. R. 40 , 988.237.500
2234. R. 93 , 110.072
2235. R. 58 , 938.442.500
2236. R. 49 , 733.086.500
2237. R. 63 , 502.082.500

№		№		№	
2238	874.354, 754 77, 405	2256	676.276, 285 9, 008	2274	727.485, 807 952, 307
2239	808.954, 305 407, 005	2257	775.354, 05 24, 365	2275	859.854, 356 672, 97
2240	854.856, 369 470, 045	2258	868.479, 079 74, 08	2276	875.937, 475 942, 850
2241	809.746, 704 304, 85	2259	579.745, 089 87, 009	2277	764.562, 080 876, 04
2242	767.814, 405 954, 805	2260	664.746, 079 9, 375	2278	647.952, 807 564, 45
2243	804.950, 075 874, 09	2261	843.874, 076 67, 07	2279	134.853, 805 679, 047
2244	674.850, 075 472, 025	2262	775.374, 745 37, 05	2280	679.405, 907 576, 47
2245	764.205, 456 307, 54	2263	879.476, 875 47, 95	2281	789.876, 975 987, 675
2246	704.805, 456 975, 405	2264	766.879, 345 85, 746	2282	876.407, 095 497, 005
2247	768.217, 05 7, 454	2265	834.654, 095 9, 085	2283	974.354, 02 976, 007
2248	689.424, 760 9, 05	2266	907.904, 005 6, 075	2284	876.365, 407 498, 302
2249	854.379, 007 5, 004	2267	474.605, 085 47, 05	2285	454.857, 007 659, 087
2250	547.485, 927 6, 07	2268	585.467, 057 78, 09	2286	675.489, 097 847, 025
2251	689.689, 975 7, 809	2269	867.980, 076 98, 754	2287	606.405, 454 76, 305
2252	589.770, 054 4, 225	2270	754.768, 976 43, 356	2288	639.746, 074 657, 075
2253	886.489, 009 6, 234	2271	597.607, 08 79, 305	2289	947.875, 079 207, 95
2254	469.871, 072 4, 054	2272	324.752, 079 179, 07	2290	957.429, 705 975, 07
2255	578.859, 239 4, 789	2273	654.898, 076 678, 05	2291	479.834, 704 479, 85

2238.	R.	67.679.429,733.370	2265. R.	7.582.832,453.075
2239.	R.	329.248.446,906.525	2266. R.	5.515.516,830.375
2240.	R.	401.820.961,966.605	2667. R.	22.330.169,249.250
2241.	R.	246.851.282,714.400	2268. R.	45.719.122,481.130
2242.	R.	733.113.032,966.025	2269. R.	85.716.504,425.304
2243.	R.	703.598.811,056.750	2270. R.	32.723.763,723.456
2244.	R.	318.546.106,651.875	2271. R.	47.393.229,479.400
2245.	R.	235.023.745,938.240	2272. R.	58.153.354,786.530
2246.	R.	687.470.765,809.680	2273. R.	444.053.640,431.800
2247.	R.	5.726.289,890.008	2274. R.	692.789.826,406.749
2248.	R.	6.239.294,078	2275. R.	578.656.185,957.320
2249.	R.	4.275.312,551.027	2276. R.	825.877.648,303.750
2250.	R.	3.323.239,576.890	2277. R.	669.786.964,563.200
2251.	R.	5.385.789,014.775	2278. R.	365.736.961,911.150
2252.	R.	2,491.778,478.150	2279. R.	91.572.071,723.835
2253.	R.	5.526.372,482.106	2280. R.	391.657.123,208.290
2254.	R.	1.904.857,325.888	2281. R.	780.141.741,283.125
2255.	R.	2.772.156,895.570	2282. R.	435.578.708,250.475
2256.	R.	6.091.896,775.281	2283. R.	950.976.343,998.140
2257.	R.	18.891.501,428.250	2284. R.	436.694.635,038.914
2258.	R.	64.336.930,172.320	2285. R.	299.790.340,172.609
2259.	R.	50.443.040,448.801	2286. R.	572.156.152,386.425
2260.	R.	6.231.994,490.625	2287. R.	46.271.768,167.470
2261.	R.	56.598.634,277.320	2288. R.	420.361.151,573.550
2262.	R.	28.727.634,302.250	2289. R.	197.110.622,678.050
2263.	R.	42.170.916,156.250	2290. R.	933.560.982,454.350
2264.	R.	65.756.836,316.370	2291. R.	230.848.683,194.250

2292	648.745.601 474.257	2310	896.302.456 943.765	2328	947.906.854 745.927
2293	789.407.672 587.648	2311	957.007.428 689.073	2329	787.375.634 894.757
2294	658.709.476 647.895	2312	857.986.789 827.476	2330	695.769.452 976.834
2295	457.465.478 459.876	2313	678.098.789 795.469	2331	876.454.876 695.980
2296	678.760.407 186.079	2314	495.307.429 936.704	2332	954.907.089 600.789
2297	786.745.056 954.378	2315	758.507.961 146.279	2333	875.849.064 757.976
2298	876.540.077 458.976	2316	896.307.401 829.247	2334	987.453.970 645.843
2299	956.543.576 376.894	2317	674.907.461 307.824	2335	796.753.769 849.584
2300	786.530.746 357.894	2318	856.352.425 147.673	2336	687.409.857 764.906
2301	975.432.758 976.432	2319	879.421.702 376.548	2337	457.907.842 796.807
2302	974.554.987 983.254	2320	859.406.305 987.654	2338	574.307.450 234.825
2303	659.754.007 549.876	2321	845.420.789 654.307	2339	856.407.809 305.407
2304	805.045.006 936.504	2322	927.340.576 754.307	2340	995.296.307 487.923
2305	795.030.407 896.007	2323	855.807.607 976.856	2341	794.037.254 978.476
2306	416.342.505 987.405	2324	974.856.074 986.795	2342	759.097.895 750.054
2307	938.321.576 458.976	2325	757.489.007 900.076	2343	754.827.939 477.234
2308	675.427.833 394.756	2326	856.746.834 757.976	2344	674.396.856 285.679
2309	476.742.974 378.974	2327	879.407.854 678.765	2345	574.007.906 784.569

2292. R. 307.672.142.493.457
2293. R. 463.893.839.635.456
2294. R. 426.774.575.953.020
2295. R. 210.377.394.160.728
2296. R. 126.303.057.774.153
2297. R. 750.852.173.055.168
2298. R. 402.310.858.381.152
2299. R. 360.515.534.532.944
2300. R. 281.494.634.808.924
2301. R. 952.443.758.759.456
2302. R. 958.235.089.187.698
2303. R. 362.782.894.353.132
2304. R. 753.927.868.299.024
2305. R. 712.352.809.884.849
2306. R. 411.098.671.149.525
2307. R. 430.667.083.666.176
2308. R. 266.629.189.643.748
2309. R. 180.673.191.828.676
2310. R. 845.888.887.386.840
2311. R. 659.447.980.432.244
2312. R. 709.963.476.214.564
2313. R. 540.406.565.587.041
2314. R. 463.956.449.974.016
2315. R. 110.953.786.027.117
2316. R. 743.250.223.357.047
2317. R. 207.752.615.274.864
2318. R. 1256.460.131.657.02

2319. R. 331.144.483.044.696
2320. R. 848.796.074.758.470
2321. R. 553.164.746.731.293
2322. R. 699.499.487.860.832
2323. R. 836.000.795.743.592
2324. R. 961.983.099.542.830
2325. R. 681.797.675.464.532
2326. R. 649.393.538.247.984
2327. R. 614.499.429.100.310
2328. R. 707.069.315.883.658
2329. R. 704.509.860.150.938
2330. R. 679.651.256.874.968
2331. R. 609.995.064.598.480
2332. R. 573.697.675.093.221
2333. R. 663.872.570.134.464
2334. R. 637.740.234.346.710
2335. R. 676.909.254.082.096
2336. R. 525.803.924.078.442
2337. R. 364.864.173.860.494
2338. R. 134.861.746.946.250
2339. R. 261.552.939.723.263
2340. R. 485.627.960.000.361
2341. R. 776.946.396.144.904
2342. R. 569.364.412.536.330
2343. R. 360.229.556.640.726
2344. R. 192.661.019.425.224
2345. R. 450.348.808.802.514

2846	567.948.634.687.954 652.347.986	2364	795.047.968.679.423 907.853.468
2347	764.360.684.650.276 784.009.650	2365	927.607.004.784.980 780.095.634
2348	674.345.850.459.370 974.568.479	2366	475.678.009.456.439 850.097.489
2349	895.432.578.479.676 890.076.354	2367	845.007.482.945.678 908.007.654
2850	459.600.784.364.207 407.600.895	2368	679.800.794.354.027 984.076.403
2351	684.076.450.680.792 975.008.840	2369	674.259.874.758.378 957.000.746
2352	706.004.534.652.894 700.435.809	2370	807.905.425.900.627 900.840.007
2853	976.854.679.456.389 984.007.653	2371	706.845.349.847.607 907.854.356
2854	456.784.007.654.827 976.070.135	2372	478.096.354.269.854 650.047.659
2855	675.074.084.759.847 790.085.276	2373	894.307.449.607.856 785.436.007
2856	875.407.900.876.354 456.008.965	2374	676.328.379.008.874 870.096.450
2857	697.800.795.976.748 690.078.006	2375	975.474.808.437.906 800.957.643
2858	640.078.974.352.679 900.854.703	2376	754.956.879.085.674 754.095.977
2859	170.067.465.839.750 900.807.624	2377	854.570.874.347.654 950.026.374
2360	784.350.076.974.289 870.065.493	2378	654.097.854.054.694 695.407.695
2861	879.453.654.007.987 476.900.854	2379	764.954.290.097.874 907.452.653
2862	805.476.978.432.504 123.987.605	2380	605.607.484.952.357 542.374.750
2863	654.276.327.975.407 900.705.423	2381	854.307.951.874.307 456.962.804

```
2346.   R.  370.500.147.990.136.530.360.644
2347.   R.  599.266.152.846.423.259.163.400
2348.   R.  657.196.209.802.149.672.198.230
2349.   R.  797.003.364.706.008.877.181.304
2350.   R.  187.333.691.049.552.779.165.265
2351.   R.  666.980.586.649.596.218.201.280
2352.   R.  494.510.857.387.268.343.081.246
2353.   R.  961.232.480.453.948.655.745.017
2354.   R.  445.853.228.017.488.023.291.645
2355.   R.  533.366.094.577.931.110.712.772
2356.   R.  399.193.850.831.448.780.513.610
2357.   R.  481.536.981.872.847.082.204.488
2358.   R.  576.618.154.337.027.257.799.337
2359.   R.  153.198.069.822.806.362.254.007
2360.   R.  682.435.936.407.222.707.109.470
2361.   R.  419.412.198.649.829.523.120.898
2362.   R.   99.869.161.438.482.825.112.920
2363.   R.  589.310.236.747.975.695.532.161
2364.   R.  721.787.055.591.969.550.788.964
2365.   R.  723.622.174.500.580.006.777.320
2366.   R.  404.372.681.411.437.048.781.671
2367.   R.  767.273.262.201.950.090.219.412
2368.   R.  668.975.920.464.453.598.724.881
2369.   R.  645.267.203.141.634.315.749.988
2370.   R.  727.793.529.523.658.807.984.389
2371.   R.  641.712.629.877.493.951.126.092
2372.   R.  310.775.415.869 553.246.971.786
2373.   R.  702.421.272.250.348.132.470.992
2374.   R.  588.470.921.609.875.785.897.300
2375.   R.  781.314.003.372.301.701.615.558
2376.   R.  569.309.945.326.982.201.733.498
2377.   R.  811.864.869.082.511.345.026.596
2378.   R.  454.664.880.992.621.158.469.330
2379.   R.  694.159.799.973.041.387.959.722
2380.   R.  328.466.208.249.163.389.785.750
2381.   R.  390.386.957.167.980.382.276.828
```

2382	567.809.452.347, 37507	2400	465.980.076.427, 7356
	987.006, 435		980.074, 306
2383	680.074.325.046, 905	2401	987.607.452.827, 9054
	840.076, 7917		984.094, 745
2384	407.854.307.406, 92075	2402	307.896.490.407, 5746
	978.400, 0036		980.074, 45
2385	574.706.754.864, 47567	2403	786.087.407.695, 7954
	875.457, 953		900.874, 794
2386	476.534.875.042, 9054	2404	607.980.049.764, 3454
	900.700, 053		980.076, 456
2387	695.407.907.854, 76454	2405	875.407.954.807, 7956
	974.006, 8075		975.674, 78
2388	875.047.684.354, 456	2406	987.698.346.840, 7465
	780.095, 6717		790.086, 965
2389	970.047.849.750, 74568	2407	654.395.625.746, 4567
	980.076, 475		987.605, 749
2390	786.907.640.084, 3405	2408	674.407.894.752, 6754
	890.076, 405		970.067, 846
2391	875.045.746.075, 7475	2409	981.706.854.007, 0854
	987.600, 695		970.076, 846
2392	840.764.086.079, 47075	2410	754.695.079.454, 6546
	479.873, 52105		980.078, 459
2393	974.027.695.924, 0475	2411	847.009.865.485, 92765
	970.046, 045		678.009, 6709
2394	748.007.906.478, 705	2412	674.854.370.087, 954
	845.684, 3795		807.004, 76
2395	845.670.048.975, 47625	2413	957.804.952.007, 4565
	974.926, 705		874.294, 007
2396	697.045.672.483, 5246	2414	790.845.968.007, 8542
	984.027, 635		746.005, 345
2397	970.456.804.676, 42175	2415	865.432.534.765, 4325
	970.084, 302		786.421, 005
2398	896.950.076.849, 5425	2416	895.964.274.654, 8432
	780.095, 3604		796.543. 542
2399	454.608.745.691, 4565	2417	654.321.786.543, 0075
	892.007, 035		678.425, 008

2382. R. 560.431.583.320.685.049 , 448.575.450
2383. R. 571.314.657.102.946.904 , 414.688.500
2384. R. 399.044.655.835.206.768 , 464.914.700
2385. R. 503.131.599.188.926.622 , 476.503.510
2386. R. 429.214.987.207.493.271 , 053.986.200
2387. R. 677.332.036.239.873.383 , 269.606.050
2388. R. 682.620.911.096.018.934 , 208.095.200
2389. R. 950.721.077.165.040.454 , 675.878.
2390. R. 700.407.923.353.303.689 , 035.902.500
2391. R. 864.195.786.981.201.753 , 644.512.500
2392. R. 403.460.422.359.340.918 , 922.984.287.5
2393. R. 944.851.714.151.584.897 , 767.137.500
2394. R. 632.578.602.251.537.667 , 888.547.500
2395. R. 824.466.314.364.849.686 , 218.256.250
2396. R. 685.912.204.580.947.288 , 602.321
2397. R. 941.424.911.985.676.929 , 206.368.500
2398. R. 699.706.593.460.751.553 , 112.617
2399. R. 405.514.199.329.305.137 , 396.477.500
2400. R. 456.695.100.014.739.927 , 321.493.600
2401. R. 971.899.304.450.777.093 , 497.123
2402. R. 301.756.483.493.133.951 , 928.970
2403. R. 708.170.261.910.982.174 , 618.147.600
2404. R. 595.866.932.491.743.274 , 791.902.400
2405. R. 854.113.463.717.345.914 , 314.968
2406. R. 780.417.632.290.922.740 , 519.372.500
2407. R. 646.284.882.107.653.053 , 299.568.300
2408. R. 654.221.413.788.122.528 , 015.188.400
2409. R. 952.330.708.711.223.365 , 742.598.600
2410. R. 739.660.607.329.583.154 , 776.477
2411. R. 574.280.880.147.167.074 , 557.710.385
2412. R. 544.610.688.967.780.496 , 661.040
2413. R. 837.403.129.415.041.837 , 263.195.500
2414. R. 589.975.319.205.558.235 , 180.699
2415. R. 680.594.323.749.928.865 , 909.662.500
2416. R. 713.674.556.839.029.629 , 982.614.400
2417. R. 443.908.263.270.814.155 , 531.560

2418	$\dfrac{468}{2}$	2433	$\dfrac{784}{4}$	2448	$\dfrac{264}{6}$	2463	$\dfrac{525}{7}$	2478	$\dfrac{192}{8}$	2493	$\dfrac{108}{9}$
2419	$\dfrac{684}{2}$	2434	$\dfrac{648}{4}$	2449	$\dfrac{396}{6}$	2464	$\dfrac{588}{7}$	2479	$\dfrac{376}{8}$	2494	$\dfrac{234}{9}$
2420	$\dfrac{862}{2}$	2435	$\dfrac{716}{4}$	2450	$\dfrac{672}{6}$	2465	$\dfrac{434}{7}$	2480	$\dfrac{832}{8}$	2495	$\dfrac{342}{9}$
2421	$\dfrac{564}{2}$	2436	$\dfrac{912}{4}$	2451	$\dfrac{678}{6}$	2466	$\dfrac{273}{7}$	2481	$\dfrac{736}{8}$	2496	$\dfrac{405}{9}$
2422	$\dfrac{786}{2}$	2437	$\dfrac{624}{4}$	2452	$\dfrac{756}{6}$	2467	$\dfrac{343}{7}$	2482	$\dfrac{336}{8}$	2497	$\dfrac{603}{9}$
2423	$\dfrac{578}{2}$	2438	$\dfrac{932}{4}$	2453	$\dfrac{792}{6}$	2468	$\dfrac{644}{7}$	2483	$\dfrac{600}{8}$	2498	$\dfrac{504}{9}$
2424	$\dfrac{952}{2}$	2439	$\dfrac{756}{4}$	2454	$\dfrac{834}{6}$	2469	$\dfrac{623}{7}$	2484	$\dfrac{672}{8}$	2499	$\dfrac{243}{9}$
2425	$\dfrac{963}{3}$	2440	$\dfrac{795}{5}$	2455	$\dfrac{606}{6}$	2470	$\dfrac{399}{7}$	2485	$\dfrac{632}{8}$	2500	$\dfrac{441}{9}$
2426	$\dfrac{642}{3}$	2441	$\dfrac{670}{5}$	2456	$\dfrac{714}{6}$	2471	$\dfrac{287}{7}$	2486	$\dfrac{392}{8}$	2501	$\dfrac{522}{9}$
2427	$\dfrac{951}{3}$	2442	$\dfrac{455}{5}$	2457	$\dfrac{654}{6}$	2472	$\dfrac{203}{7}$	2487	$\dfrac{432}{8}$	2502	$\dfrac{621}{9}$
2428	$\dfrac{843}{3}$	2443	$\dfrac{875}{5}$	2458	$\dfrac{648}{6}$	2473	$\dfrac{679}{7}$	2488	$\dfrac{952}{8}$	2503	$\dfrac{342}{9}$
2429	$\dfrac{732}{3}$	2444	$\dfrac{970}{5}$	2459	$\dfrac{942}{6}$	2474	$\dfrac{987}{7}$	2489	$\dfrac{248}{8}$	2504	$\dfrac{459}{9}$
2430	$\dfrac{555}{3}$	2445	$\dfrac{745}{5}$	2460	$\dfrac{774}{6}$	2475	$\dfrac{959}{7}$	2490	$\dfrac{608}{8}$	2505	$\dfrac{711}{9}$
2431	$\dfrac{873}{3}$	2446	$\dfrac{515}{5}$	2461	$\dfrac{378}{6}$	2476	$\dfrac{826}{7}$	2491	$\dfrac{792}{8}$	2506	$\dfrac{801}{9}$
2432	$\dfrac{744}{3}$	2447	$\dfrac{605}{5}$	2462	$\dfrac{786}{6}$	2477	$\dfrac{616}{7}$	2492	$\dfrac{872}{8}$	2507	$\dfrac{207}{9}$

2418.	R.	234	2463.	R.	75
2419.	R.	342	2464.	R.	84
2420.	R.	431	2465.	R.	62
2421.	R.	282	2466.	R.	39
2422.	R.	393	2467.	R.	49
2423.	R.	289	2468.	R.	92
2424.	R.	476	2469.	R.	89
2425.	R.	321	2470.	R.	57
2426.	R.	214	2471.	R.	41
2427.	R.	317	2472.	R.	29
2428.	R.	281	2473.	R.	97
2429.	R.	244	2474.	R.	141
2430.	R.	185	2475.	R.	137
2431.	R.	291	2476.	R.	118
2432.	R.	248	2477.	R.	88
2433.	R.	196	2478.	R.	24
2434.	R.	162	2479.	R.	47
2435.	R.	179	2480.	R.	104
2436.	R.	228	2481.	R.	92
2437.	R.	156	2482.	R.	42
2438.	R.	233	2483.	R.	75
2439.	R.	189	2484.	R.	84
2440.	R.	159	2485.	R.	79
2441.	R.	134	2486.	R.	49
2442.	R.	91	2487.	R.	54
2443.	R.	175	2488.	R.	119
2444.	R.	194	2489.	R.	31
2445.	R.	149	2490.	R.	76
2446.	R.	103	2491.	R.	99
2447.	R.	121	2492.	R.	109
2448.	R.	44	2493.	R.	12
2449.	R.	66	2494.	R.	26
2450.	R.	112	2495.	R.	38
2451.	R.	113	2496.	R.	45
2452.	R.	126	2497.	R.	67
2453.	R.	132	2498.	R.	56
2454.	R.	139	2499.	R.	27
2455.	R.	101	2500.	R.	49
2456.	R.	119	2501.	R.	58
2457.	R.	109	2502.	R.	69
2458.	R.	108	2503.	R.	38
2459.	R.	157	2504.	R.	51
2460.	R.	129	2505.	R.	79
2461.	R.	63	2506.	R.	89
2462.	R.	131	2507.	R.	23

2508	$\dfrac{420.472}{2}$	2523	$\dfrac{435.600}{9}$	2538	$\dfrac{432.536}{8}$	2553	$\dfrac{478.919}{7}$
2509	$\dfrac{564.321}{3}$	2524	$\dfrac{540.026}{2}$	2539	$\dfrac{405.252}{9}$	2554	$\dfrac{650.016}{8}$
2510	$\dfrac{789.016}{4}$	2525	$\dfrac{644.013}{3}$	2540	$\dfrac{344.688}{2}$	2555	$\dfrac{450.009}{9}$
2511	$\dfrac{407.630}{5}$	2526	$\dfrac{768.024}{4}$	2541	$\dfrac{478.353}{3}$	2556	$\dfrac{807.402}{2}$
2512	$\dfrac{426.432}{6}$	2527	$\dfrac{400.055}{5}$	2542	$\dfrac{107.424}{4}$	2557	$\dfrac{540.021}{3}$
2513	$\dfrac{943.873}{7}$	2528	$\dfrac{333.006}{6}$	2543	$\dfrac{756.785}{5}$	2558	$\dfrac{674.108}{4}$
2514	$\dfrac{694.120}{8}$	2529	$\dfrac{842.051}{7}$	2544	$\dfrac{981.006}{6}$	2559	$\dfrac{470.025}{5}$
2515	$\dfrac{342.009}{9}$	2530	$\dfrac{452.616}{8}$	2545	$\dfrac{453.607}{7}$	2560	$\dfrac{750.042}{6}$
2516	$\dfrac{467.112}{2}$	2531	$\dfrac{870.120}{9}$	2546	$\dfrac{743.968}{8}$	2561	$\dfrac{894.509}{7}$
2517	$\dfrac{824.610}{3}$	2532	$\dfrac{452.002}{2}$	2547	$\dfrac{272.268}{9}$	2562	$\dfrac{870.008}{8}$
2518	$\dfrac{879.420}{4}$	2533	$\dfrac{746.784}{3}$	2548	$\dfrac{400.608}{2}$	2563	$\dfrac{456.309}{9}$
2519	$\dfrac{796.425}{5}$	2534	$\dfrac{540.764}{4}$	2549	$\dfrac{600.702}{3}$	2564	$\dfrac{874.224}{4}$
2520	$\dfrac{492.630}{6}$	2535	$\dfrac{654.025}{5}$	2550	$\dfrac{421.036}{4}$	2565	$\dfrac{630.021}{7}$
2521	$\dfrac{853.258}{7}$	2536	$\dfrac{479.040}{6}$	2551	$\dfrac{604.430}{5}$	2566	$\dfrac{543.728}{8}$
2522	$\dfrac{169.400}{8}$	2537	$\dfrac{751.002}{7}$	2552	$\dfrac{347.832}{6}$	2567	$\dfrac{459.675}{9}$

2508.	R.	210.326
2509.	R.	188.107
2510.	R.	197.254
2511.	R.	81.526
2512.	R.	71.072
2513.	R.	134.839
2514.	R.	86.765
2515.	R.	38.001
2516.	R.	233.556
2517.	R.	274.870
2518.	R.	219.855
2519.	R.	159.285
2520.	R.	82.105
2521.	R.	121.894
2522.	R.	21.175
2523.	R.	48.400
2524.	R.	270.013
2525.	R.	214.671
2526.	R.	177.006
2527.	R.	80.011
2528.	R.	55.501
2529.	R.	120.293
2530.	R.	56.577
2531.	R.	96.680
2532.	R.	226.001
2533.	R.	248.928
2534.	R.	135.191
2535.	R.	130.805
2536.	R.	79.840
2537.	R.	107.286
2538.	R.	54.067
2539.	R.	45.028
2540.	R.	172.344
2541.	R.	159.451
2542.	R.	26.856
2543.	R.	151.357
2544.	R.	163.501
2545.	R.	64.801
2546.	R.	92.996
2547.	R.	30.252
2548.	R.	200.304
2549.	R.	200.234
2550.	R.	105.259
2551.	R.	120.886
2552.	R.	57.972
2553.	R.	68.417
2554.	R.	81.252
2555.	R.	50.001
2556.	R.	403.701
2557.	R.	180.007
2558.	R.	168.527
2559.	R.	94.005
2560.	R.	125.007
2561.	R.	127.787
2562.	R.	108.751
2563.	R.	50.701
2564.	R.	218.556
2565.	R.	90.003
2566.	R.	67.966
2567.	R.	51.075

2568	$\dfrac{456.789.604}{2}$	2583	$\dfrac{405.063.126}{1}$	2598	$\dfrac{347.605.112}{8}$
2569	$\dfrac{450.063.003}{3}$	2584	$\dfrac{476.007.850}{2}$	2599	$\dfrac{479.841.111}{9}$
2570	$\dfrac{740.067.812}{4}$	2585	$\dfrac{651.006.459}{3}$	2600	$\dfrac{476.534.852}{2}$
2571	$\dfrac{567.878.405}{5}$	2586	$\dfrac{876.407.044}{4}$	2601	$\dfrac{746.843.409}{3}$
2572	$\dfrac{342.144.402}{6}$	2587	$\dfrac{796.460.785}{5}$	2602	$\dfrac{476.420.016}{4}$
2573	$\dfrac{814.756.894}{7}$	2588	$\dfrac{741.045.024}{6}$	2603	$\dfrac{607.008.400}{5}$
2574	$\dfrac{435.607.032}{8}$	2589	$\dfrac{345.678.074}{7}$	2604	$\dfrac{374.000.100}{6}$
2575	$\dfrac{891.036.144}{9}$	2590	$\dfrac{654.327.816}{8}$	2605	$\dfrac{741.107.808}{7}$
2576	$\dfrac{406.784.024}{2}$	2591	$\dfrac{400.200.300}{9}$	2606	$\dfrac{456.904.112}{8}$
2577	$\dfrac{640.233.405}{3}$	2592	$\dfrac{234.567.890}{2}$	2607	$\dfrac{741.018.207}{9}$
2578	$\dfrac{674.806.496}{4}$	2593	$\dfrac{764.685.801}{3}$	2608	$\dfrac{746.784.320}{5}$
2579	$\dfrac{746.805.605}{5}$	2594	$\dfrac{954.267.848}{4}$	2609	$\dfrac{402.084.006}{6}$
2580	$\dfrac{678.472.302}{6}$	2595	$\dfrac{685.807.905}{5}$	2610	$\dfrac{456.843.765}{7}$
2581	$\dfrac{745.607.807}{7}$	2596	$\dfrac{421.780.074}{6}$	2611	$\dfrac{454.207.808}{8}$
2582	$\dfrac{567.845.608}{8}$	2597	$\dfrac{945.600.789}{7}$	2612	$\dfrac{450.093.024}{9}$

2568. R. 228.394.802
2569. R. 150.021.001
2570. R. 185.016.953
2571. R. 113.575.681
2572. R.   57.024.067
2573. R. 116.393.842
2574. R.   54.450.879
2575. R.   99.004.016
2576. R. 203.392.012
2577. R. 213.411.135
2578. R. 168.701.624
2579. R. 149.361.121
2580. R. 113.078.717
2581. R. 106.515.401
2582. R.   70.980.701
2583. R.   45.007.014
2584. R. 238.003.925
2585. R. 217.002.153
2586. R. 219.101.761
2587. R. 159.292.157
2588. R. 123.507.504
2589. R.   49.382.582
2590. R.   81.790.977
2591. R.   44.466.700
2592. R. 117.283.945
2593. R. 254.895.267
2594. R. 238.566.962
2595. R. 137.161.581
2596. R.   70.296.679
2597. R. 135.085.827
2598. R.   43.450.639
2599. R.   53.315.679
2600. R. 238.267.426
2601. R. 248.947.803
2602. R. 119.105.604
2603. R. 121.401.680
2604. R.   62.333.350
2605. R. 105.872.544
2606. R.   57.113.014
2607. R.   82.335.023
2608. R. 149.356.864
2609. R.   67.014.001
2610. R.   65.263.395
2611. R.   56.775.976
2612. R.   50.010.336

2613	$\dfrac{354}{11}$	2628	$\dfrac{243}{18}$	2643	$\dfrac{354}{26}$	2658	$\dfrac{407}{34}$	2673	$\dfrac{746}{42}$	2688	$\dfrac{452}{48}$
2614	$\dfrac{405}{11}$	2629	$\dfrac{209}{19}$	2644	$\dfrac{176}{26}$	2659	$\dfrac{852}{35}$	2674	$\dfrac{601}{42}$	2689	$\dfrac{405}{49}$
2615	$\dfrac{207}{12}$	2630	$\dfrac{456}{19}$	2645	$\dfrac{769}{27}$	2660	$\dfrac{654}{35}$	2675	$\dfrac{376}{43}$	2690	$\dfrac{239}{49}$
2616	$\dfrac{407}{12}$	2631	$\dfrac{217}{20}$	2646	$\dfrac{909}{27}$	2661	$\dfrac{307}{36}$	2676	$\dfrac{201}{43}$	2691	$\dfrac{804}{49}$
2617	$\dfrac{174}{13}$	2632	$\dfrac{549}{20}$	2647	$\dfrac{404}{28}$	2662	$\dfrac{207}{36}$	2677	$\dfrac{405}{44}$	2692	$\dfrac{999}{49}$
2618	$\dfrac{274}{13}$	2633	$\dfrac{376}{21}$	2648	$\dfrac{197}{28}$	2663	$\dfrac{545}{37}$	2678	$\dfrac{898}{44}$	2693	$\dfrac{754}{50}$
2619	$\dfrac{856}{14}$	2634	$\dfrac{654}{21}$	2649	$\dfrac{207}{29}$	2664	$\dfrac{629}{37}$	2679	$\dfrac{908}{45}$	2694	$\dfrac{854}{50}$
2620	$\dfrac{984}{14}$	2635	$\dfrac{474}{22}$	2650	$\dfrac{301}{29}$	2665	$\dfrac{405}{38}$	2680	$\dfrac{378}{45}$	2695	$\dfrac{970}{50}$
2621	$\dfrac{205}{15}$	2636	$\dfrac{694}{22}$	2651	$\dfrac{761}{30}$	2666	$\dfrac{343}{38}$	2681	$\dfrac{426}{46}$	2696	$\dfrac{754}{51}$
2622	$\dfrac{345}{15}$	2637	$\dfrac{493}{23}$	2652	$\dfrac{454}{30}$	2667	$\dfrac{954}{39}$	2682	$\dfrac{990}{46}$	2697	$\dfrac{891}{51}$
2623	$\dfrac{456}{16}$	2638	$\dfrac{895}{23}$	2653	$\dfrac{197}{31}$	2668	$\dfrac{452}{39}$	2683	$\dfrac{276}{47}$	2698	$\dfrac{898}{52}$
2624	$\dfrac{764}{16}$	2639	$\dfrac{745}{24}$	2654	$\dfrac{285}{31}$	2669	$\dfrac{840}{40}$	2684	$\dfrac{579}{47}$	2699	$\dfrac{964}{53}$
2625	$\dfrac{804}{17}$	2640	$\dfrac{606}{24}$	2655	$\dfrac{725}{32}$	2670	$\dfrac{640}{40}$	2685	$\dfrac{824}{48}$	2700	$\dfrac{875}{53}$
2626	$\dfrac{652}{17}$	2641	$\dfrac{542}{25}$	2656	$\dfrac{425}{33}$	2671	$\dfrac{321}{41}$	2686	$\dfrac{904}{48}$	2701	$\dfrac{975}{54}$
2627	$\dfrac{194}{18}$	2642	$\dfrac{780}{25}$	2657	$\dfrac{205}{34}$	2672	$\dfrac{719}{41}$	2687	$\dfrac{804}{48}$	2702	$\dfrac{598}{55}$

2613.	R. 32.	Reste 2
2614.	R. 36.	Reste 9
2615.	R. 17.	Reste 3
2616.	R. 33.	Reste 11
2617.	R. 13.	Reste 5
2618.	R. 21.	Reste 1
2619.	R. 61.	Reste 2
2620.	R. 70.	Reste 4
2621.	R. 13.	Reste 10
2622.	R. 23.	
2623.	R. 28.	Reste 8
2624.	R. 47.	Reste 12
2625.	R. 47.	Reste 5
2626.	R. 38.	Reste 6
2627.	R. 10.	Reste 14
2628.	R. 13.	Reste 9
2629.	R. 11.	
2630.	R. 24.	
2631.	R. 10.	Reste 17
2632.	R. 27.	Reste 9
2633.	R. 17.	Reste 19
2634.	R. 31.	Reste 3
2635.	R. 21.	Reste 12
2636.	R. 31.	Reste 12
2637.	R. 21.	Reste 10
2638.	R. 38.	Reste 21
2639.	R. 31.	Reste 1
2640.	R. 25.	Reste 6
2641.	R. 21.	Reste 17
2642.	R. 31.	Reste 5
2643.	R. 13.	Reste 16
2644.	R. 6.	Reste 20
2645.	R. 28.	Reste 13
2646.	R. 33.	Reste 18
2647.	R. 14.	Reste 12
2648.	R. 7.	Reste 1
2649.	R. 7.	Reste 4
2650.	R. 10.	Reste 11
2651.	R. 25.	Reste 11
2652.	R. 15.	Reste 4
2653.	R. 6.	Reste 11
2654.	R. 9.	Reste 6
2655.	R. 22.	Reste 21
2656.	R. 12.	Reste 29
2657.	R. 8.	Reste 13

2658.	R. 11.	Reste 33
2659.	R. 24.	Reste 12
2660.	R. 18.	Reste 24
2661.	R. 8.	Reste 19
2662.	R. 5.	Reste 27
2663.	R. 14.	Reste 27
2664.	R. 17.	
2665.	R. 10.	Reste 25
2666.	R. 9.	Reste 1
2667.	R. 24.	Reste 18
2668.	R. 11.	Reste 23
2669.	R. 21.	
2670.	R. 16.	
2671.	R. 7.	Reste 34
2672.	R. 17.	Reste 22
2673.	R. 17.	Reste 32
2674.	R. 14.	Reste 13
2675.	R. 8.	Reste 32
2676.	R. 4.	Reste 29
2677.	R. 9.	Reste 9
2678.	R. 20.	Reste 18
2679.	R. 20.	Reste 8
2680.	R. 8.	Reste 18
2681.	R. 9.	Reste 12
2682.	R. 21.	Reste 24
2683.	R. 5.	Reste 41
2684.	R. 12.	Reste 15
2685.	R. 17.	Reste 8
2686.	R. 18.	Reste 40
2687.	R. 16.	Reste 36
2688.	R. 9.	Reste 20
2689.	R. 8.	Reste 13
2690.	R. 4.	Reste 43
2691.	R. 16.	Reste 20
2692.	R. 20.	Reste 19
2693.	R. 15.	Reste 4
2694.	R. 17.	Reste 4
2695.	R. 19.	Reste 20
2696.	R. 14.	Reste 40
2697.	R. 17.	Reste 24
2698.	R. 17.	Reste 14
2699.	R. 18.	Reste 10
2700.	R. 16.	Reste 27
2701.	R. 18.	Reste 3
2702.	R. 17.	Reste 50

2703	$\dfrac{874.187}{11}$	2718	$\dfrac{793.751}{26}$	2733	$\dfrac{678.541}{41}$	2748	$\dfrac{756.000}{56}$
2704	$\dfrac{543.288}{12}$	2719	$\dfrac{653.901}{27}$	2734	$\dfrac{458.715}{42}$	2749	$\dfrac{858.415}{57}$
2705	$\dfrac{850.351}{13}$	2720	$\dfrac{434.744}{28}$	2735	$\dfrac{659.415}{43}$	2750	$\dfrac{961.440}{58}$
2706	$\dfrac{609.420}{14}$	2721	$\dfrac{704.900}{29}$	2736	$\dfrac{379.600}{44}$	2751	$\dfrac{867.010}{59}$
2707	$\dfrac{453.525}{15}$	2722	$\dfrac{954.999}{30}$	2737	$\dfrac{409.999}{45}$	2752	$\dfrac{876.701}{60}$
2708	$\dfrac{875.656}{16}$	2723	$\dfrac{875.405}{31}$	2738	$\dfrac{710.756}{46}$	2753	$\dfrac{984.824}{61}$
2709	$\dfrac{905.765}{17}$	2724	$\dfrac{985.784}{32}$	2739	$\dfrac{611.276}{47}$	2754	$\dfrac{787.576}{62}$
2710	$\dfrac{654.882}{18}$	2725	$\dfrac{805.909}{33}$	2740	$\dfrac{823.507}{48}$	2755	$\dfrac{489.217}{63}$
2711	$\dfrac{263.950}{19}$	2726	$\dfrac{706.425}{34}$	2741	$\dfrac{925.404}{49}$	2756	$\dfrac{594.415}{64}$
2712	$\dfrac{405.680}{20}$	2727	$\dfrac{476.376}{35}$	2742	$\dfrac{432.605}{50}$	2757	$\dfrac{699.999}{65}$
2713	$\dfrac{471.020}{21}$	2728	$\dfrac{847.216}{36}$	2743	$\dfrac{635.701}{51}$	2758	$\dfrac{715.840}{66}$
2714	$\dfrac{901.540}{22}$	2729	$\dfrac{957.517}{37}$	2744	$\dfrac{739.401}{52}$	2759	$\dfrac{750.010}{67}$
2715	$\dfrac{652.547}{23}$	2730	$\dfrac{487.804}{38}$	2745	$\dfrac{845.001}{53}$	2760	$\dfrac{840.025}{68}$
2716	$\dfrac{452.764}{24}$	2731	$\dfrac{897.901}{39}$	2746	$\dfrac{549.800}{54}$	2761	$\dfrac{230.415}{69}$
2717	$\dfrac{743.240}{25}$	2732	$\dfrac{497.999}{40}$	2747	$\dfrac{654.217}{55}$	2762	$\dfrac{345.011}{70}$

2703. R. 79.471. Reste 6	2733. R. 16.549. Reste 32
2704. R. 45.274.	2734. R. 10.921. Reste 33
2705. R. 65.411. Reste 8	2735. R. 15.335. Reste 10
2706. R. 43.530.	2736. R. 8.627. Reste 12
2707. R. 30.235.	2737. R. 9.111. Reste 4
2708. R. 54.728. Reste 8	2738. R. 15.451. Reste 10
2709. R. 53.280. Reste 5	2739. R. 13.005. Reste 41
2710. R. 36.382. Reste 6	2740. R. 17.156. Reste 19
2711. R. 13.892. Reste 2	2741. R. 18.885. Reste 39
2712. R. 20.284.	2742. R. 8.652. Reste 5
2713. R. 22.429. Reste 11	2743. R. 12.464. Reste 37
2714. R. 40.979. Reste 2	2744. R. 14.219. Reste 13
2715. R. 28.371. Reste 14	2745. R. 15.943. Reste 22
2716. R. 18.865. Reste 4	2746. R. 10.181. Reste 26
2717. R. 29.729. Reste 15	2747. R. 11.894. Reste 47
2718. R. 30.528. Reste 23	2748. R. 13.500. Reste 0
2719. R. 24.218. Reste 15	2749. R. 15.059. Reste 52
2720. R. 15.526. Reste 13	2750. R. 16.576. Reste 2
2721. R. 24.306. Reste 26	2751. R. 15.695. Reste 5
2722. R. 31.833. Reste 9	2752. R. 14.695. Reste 41
2723. R. 28.238. Reste 27	2753. R. 16.144. Reste 40
2724. R. 30.805. Reste 24	2754. R. 12.702. Reste 52
2725. R. 24.421. Reste 16	2755. R. 7.765. Reste 22
2726. R. 20.777. Reste 7	2756. R. 9.982. Reste 3
2727. R. 13.610. Reste 26	2757. R. 10.769. Reste 14
2728. R. 23.533. Reste 18	2758. R. 10.846. Reste 4
2729. R. 25.878. Reste 31	2759. R. 11.194. Reste 12
2730. R. 12.836. Reste 36	2760. R. 12.353. Reste 21
2731. R. 23.023. Reste 9	2761. R. 3.339. Reste 24
2732. R. 12.449. Reste 34	2762. R. 4.929. Reste 51

№		№		№		№	
2763	$\dfrac{401.810}{71}$	2778	$\dfrac{576.477}{86}$	2793	$\dfrac{704.538}{17}$	2808	$\dfrac{943.873}{77}$
2764	$\dfrac{500.010}{72}$	2779	$\dfrac{700.804}{87}$	2794	$\dfrac{609.045}{24}$	2809	$\dfrac{694.120}{68}$
2765	$\dfrac{675.028}{73}$	2780	$\dfrac{576.477}{88}$	2795	$\dfrac{800.715}{35}$	2810	$\dfrac{342.009}{89}$
2766	$\dfrac{900.454}{74}$	2781	$\dfrac{934.376}{89}$	2796	$\dfrac{125.437}{46}$	2811	$\dfrac{407.112}{58}$
2767	$\dfrac{754.807}{.75}$	2782	$\dfrac{456.029}{90}$	2797	$\dfrac{470.901}{54}$	2812	$\dfrac{724.680}{79}$
2768	$\dfrac{430.074}{76}$	2783	$\dfrac{297.049}{91}$	2798	$\dfrac{540.072}{69}$	2813	$\dfrac{943.274}{62}$
2769	$\dfrac{704.076}{77}$	2784	$\dfrac{875.807}{92}$	2799	$\dfrac{907.043}{73}$	2814	$\dfrac{564.345}{43}$
2770	$\dfrac{605.407}{78}$	2785	$\dfrac{977.046}{93}$	2800	$\dfrac{607.006}{79}$	2815	$\dfrac{879.420}{64}$
2771	$\dfrac{806.432}{79}$	2786	$\dfrac{872.002}{94}$	2801	$\dfrac{790.078}{84}$	2816	$\dfrac{796.425}{75}$
2772	$\dfrac{769.407}{80}$	2787	$\dfrac{743.905}{95}$	2802	$\dfrac{695.425}{97}$	2817	$\dfrac{492.630}{66}$
2773	$\dfrac{604.905}{81}$	2788	$\dfrac{674.246}{96}$	2803	$\dfrac{420.714}{52}$	2818	$\dfrac{843.255}{87}$
2774	$\dfrac{384.257}{82}$	2789	$\dfrac{407.823}{97}$	2804	$\dfrac{564.321}{37}$	2819	$\dfrac{169.400}{78}$
2775	$\dfrac{897.954}{83}$	2790	$\dfrac{801.456}{98}$	2805	$\dfrac{789.046}{84}$	2820	$\dfrac{435.600}{59}$
2776	$\dfrac{257.829}{84}$	2791	$\dfrac{305.423}{99}$	2806	$\dfrac{407.630}{95}$	2821	$\dfrac{457.812}{45}$
2777	$\dfrac{306.404}{85}$	2792	$\dfrac{907.405}{57}$	2807	$\dfrac{426.432}{67}$	2822	$\dfrac{345.895}{85}$

2763. R.	5.659.	Reste	21
2764. R.	6.944.	Reste	42
2765. R.	9.246.	Reste	70
2766. R.	12.168.	Reste	22
2767. R.	10.064.	Reste	7
2768. R.	5.658.	Reste	66
2769. R.	9.143.	Reste	65
2770. R.	7.761.	Reste	49
2771. R.	10.208.		
2772. R.	9.617.	Reste	47
2773. R.	7.467.	Reste	78
2774. R.	4.686.	Reste	5
2775. R.	10.818.	Reste	60
2776. R.	3.069.	Reste	33
2777. R.	3.604.	Reste	64
2778. R.	6.703.	Reste	19
2779. R.	8.055.	Reste	19
2780. R.	6.550.	Reste	77
2781. R.	10.498.	Reste	54
2782. R.	5.066.	Reste	89
2783. R.	3.264.	Reste	25
2784. R.	9.519.	Reste	59
2785. R.	10.505.	Reste	81
2786. R.	9.276.	Reste	58
2787. R.	7.830.	Reste	55
2788. R.	7.023.	Reste	38
2789. R.	4.204.	Reste	32
2790. R.	8.178.	Reste	18
2791. R.	3.085.	Reste	5
2792. R.	15.919.	Reste	22
2793. R.	41.443.	Reste	7
2794. R.	25.376.	Reste	21
2795. R.	22.877.	Reste	20
2796. R.	2.726.	Reste	41
2797. R.	8.720.	Reste	21
2798. R.	7.827.	Reste	9
2799. R.	12.425.	Reste	18
2800. R.	7.683.	Reste	49
2801. R.	9.405.	Reste	58
2802. R.	7.169.	Reste	32
2803. R.	8.090.	Reste	34
2804. R.	15.251.	Reste	34
2805. R.	9.393.	Reste	4
2806. R.	4.290.	Reste	80
2807. R.	6.364.	Reste	44
2808. R.	12.258.	Reste	7
2809. R.	10.207.	Reste	44
2810. R.	3.842.	Reste	71
2811. R.	7.019.	Reste	10
2812. R.	9.173.	Reste	13
2813. R.	15.214.	Reste	6
2814. R.	13.124.	Reste	13
2815. R.	13.740.	Reste	60
2816. R.	10.619.		
2817. R.	7.464.	Reste	6
2818. R.	9.692.	Reste	51
2819. R.	2.171.	Reste	62
2820. R.	7.383.	Reste	3
2821. R.	10.173.	Reste	27
2822. R.	4.069.	Reste	30

2823	$\dfrac{475.450.840}{11}$	2838	$\dfrac{755.432.679}{26}$	2853	$\dfrac{936.070.041}{41}$
2824	$\dfrac{768.041.374}{12}$	2839	$\dfrac{814.301.654}{27}$	2854	$\dfrac{648.678.534}{42}$
2825	$\dfrac{471.104.074}{13}$	2840	$\dfrac{971.703.850}{28}$	2855	$\dfrac{822.079.809}{43}$
2826	$\dfrac{607.240.879}{14}$	2841	$\dfrac{847.400.590}{29}$	2856	$\dfrac{843.557.907}{44}$
2827	$\dfrac{409.465.837}{15}$	2842	$\dfrac{472.437.001}{30}$	2857	$\dfrac{797.079.028}{45}$
2828	$\dfrac{742.101.407}{16}$	2843	$\dfrac{959.001.405}{31}$	2858	$\dfrac{810.676.427}{46}$
2829	$\dfrac{407.695.830}{17}$	2844	$\dfrac{463.746.803}{32}$	2859	$\dfrac{957.435.876}{47}$
2830	$\dfrac{849.907.432}{18}$	2845	$\dfrac{758\ 343.205}{33}$	2860	$\dfrac{487.424.807}{48}$
2831	$\dfrac{651.201.001}{19}$	2846	$\dfrac{671.457.604}{34}$	2861	$\dfrac{633.576.807}{49}$
2832	$\dfrac{476.958.421}{20}$	2847	$\dfrac{897.435.804}{35}$	2862	$\dfrac{776.446.898}{50}$
2833	$\dfrac{374.007.096}{21}$	2848	$\dfrac{714.501.781}{36}$	2863	$\dfrac{454.654.807}{51}$
2834	$\dfrac{849.003.004}{22}$	2849	$\dfrac{684.250.079}{37}$	2864	$\dfrac{897.964.807}{52}$
2835	$\dfrac{971.400.520}{23}$	2850	$\dfrac{545.654.087}{38}$	2865	$\dfrac{943.079.045}{53}$
2836	$\dfrac{456.742.870}{24}$	2851	$\dfrac{418.357.090}{39}$	2866	$\dfrac{795.900.876}{54}$
2837	$\dfrac{849.907.432}{25}$	2852	$\dfrac{795.010.544}{40}$	2867	$\dfrac{814.355.877}{55}$

2823.	R. 43.222.803.	Reste	7
2824.	R. 64.003.447.	Reste	10
2825.	R. 36.238.774.	Reste	12
2826.	R. 43.374.348.	Reste	7
2827.	R. 27.297.722.	Reste	7
2828.	R. 46.381.337.	Reste	15
2829.	R. 23.982.108.	Reste	3
2830.	R. 47.217.079.	Reste	10
2831.	R. 34.273.736.	Reste	17
2832.	R. 23.847.921.	Reste	1
2833.	R. 17.809.861.	Reste	15
2834.	R. 38.591.045.	Reste	14
2835.	R. 42.234.805.	Reste	5
2836.	R. 19.030.952.	Reste	22
2837.	R. 33.996.297.	Reste	7
2838.	R. 29.055.103.	Reste	1
2839.	R. 30.159.320.	Reste	14
2840.	R. 34.703.708.	Reste	26
2841.	R. 29.220.710.		
2842.	R. 15.747.900.	Reste	1
2843.	R. 30.935.529.	Reste	6
2844.	R. 14.554.587.	Reste	19
2845.	R. 22.980.097.	Reste	4
2846.	R. 19.748.753.	Reste	2
2847.	R. 25.641.022.	Reste	34
2848.	R. 19.847.271.	Reste	25
2849.	R. 18.493.245.	Reste	14
2850.	R. 14.359.318.	Reste	3
2851.	R. 10.727.104.	Reste	34
2852.	R. 19.875.263.	Reste	24
2853.	R. 22.830.976.	Reste	25
2854.	R. 15.444.727.		
2855.	R. 19.118.135.	Reste	4
2856.	R. 19.171.770.	Reste	27
2857.	R. 17.712.867.	Reste	13
2858.	R. 17.623.400.	Reste	27
2859.	R. 20.370.976.	Reste	4
2860.	R. 10.154.683.	Reste	23
2861.	R. 12.930.138.	Reste	45
2862.	R. 15.528.937.	Reste	48
2863.	R. 8.914.800.	Reste	7
2864.	R. 17.268.553.	Reste	51
2865.	R. 17.793.944.	Reste	13
2866.	R. 14.738.905.	Reste	6
2867.	R. 14.806.470.	Reste	27

2868	$\dfrac{949.505.670}{56}$	2883	$\dfrac{360.417.875}{71}$	2898	$\dfrac{701.070.070}{86}$
2869	$\dfrac{775.865.475}{57}$	2884	$\dfrac{774.987.652}{72}$	2899	$\dfrac{400.784.691}{87}$
2870	$\dfrac{894.876.415}{58}$	2885	$\dfrac{307.904.287}{73}$	2900	$\dfrac{487.807.321}{88}$
2871	$\dfrac{743.239.021}{59}$	2886	$\dfrac{160.801.431}{74}$	2901	$\dfrac{174.749.854}{89}$
2872	$\dfrac{674.239.021}{60}$	2887	$\dfrac{601.476.801}{75}$	2902	$\dfrac{791.078.984}{90}$
2873	$\dfrac{717.401.895}{61}$	2888	$\dfrac{207.405.807}{76}$	2903	$\dfrac{479.783.921}{91}$
2874	$\dfrac{116.418.209}{62}$	2889	$\dfrac{896.047.040}{77}$	2904	$\dfrac{431.654.423}{92}$
2875	$\dfrac{442.372.407}{63}$	2890	$\dfrac{187.208.147}{78}$	2905	$\dfrac{810.784.769}{93}$
2876	$\dfrac{659.416.507}{64}$	2891	$\dfrac{804.450.902}{79}$	2906	$\dfrac{947.654.301}{94}$
2877	$\dfrac{790.845.884}{65}$	2892	$\dfrac{347.263.807}{80}$	2907	$\dfrac{748.354.278}{95}$
2878	$\dfrac{405.674.802}{66}$	2893	$\dfrac{574.375.804}{81}$	2908	$\dfrac{107.405.007}{96}$
2879	$\dfrac{107.505.673}{67}$	2894	$\dfrac{142.000.071}{82}$	2909	$\dfrac{450.089.077}{97}$
2880	$\dfrac{590.406.807}{68}$	2895	$\dfrac{763.432.876}{83}$	2910	$\dfrac{546.874.301}{98}$
2881	$\dfrac{808.904.706}{69}$	2896	$\dfrac{952.654.028}{84}$	2911	$\dfrac{907.941.561}{99}$
2882	$\dfrac{107.405.873}{70}$	2897	$\dfrac{649.807.423}{85}$	2912	$\dfrac{427.850.017}{99}$

2868.	R. 16.955.458.	Reste 22
2869.	R. 13.611.675.	
2870.	R. 15.428.903.	Reste 41
2871.	R. 12.597.271.	Reste 32
2872.	R. 11.237.317.	Reste 1
2873.	R. 11.760.686.	Reste 49
2874.	R. 1.877.713.	Reste 3
2875.	R. 7.021.784.	Reste 15
2876.	R. 10.303.382.	Reste 59
2877.	R. 12.166.859.	Reste 49
2878.	R. 6.146.587.	Reste 60
2879.	R. 1.604.562.	Reste 19
2880.	R. 8.682.453.	Reste 3
2881.	R. 11.723.256.	Reste 42
2882.	R. 1.534.369.	Reste 43
2883.	R. 5.076.308.	Reste 7
2884.	R. 10.763.717.	Reste 28
3885.	R. 4.217.866.	Reste 69
2886.	R. 2.172.992.	Reste 23
2887.	R. 8.019.690.	Reste 51
2888.	R. 2.729.023.	Reste 59
2889.	R. 11.636.974.	Reste 42
2890.	R. 2.400.104.	Reste 35
2891.	R. 10.182.922.	Reste 64
2892.	R. 4.340.797.	Reste 47
2893.	R. 7.091.059.	Reste 25
2894.	R. 1.731.708.	Reste 15
2895.	R. 9.197.986.	Reste 38
2896.	R. 11.341.119.	Reste 32
2897.	R. 7.644.793.	Reste 18
2898.	R. 8.151.977.	Reste 48
2899.	R. 4.606.720.	Reste 51
2900.	R. 5.543.265.	Reste 1
2901.	R. 1.963.481.	Reste 45
2902.	R. 8.789.766.	Reste 44
2903.	R. 5.272.350.	Reste 71
2904.	R. 4.691.863.	Reste 27
2905.	R. 8.718.115.	Reste 74
2906.	R. 10.081.428.	Reste 69
2907.	R. 7.877.413.	Reste 43
2908.	R. 1.118.802.	Reste 15
2909.	R. 4.640.093.	Reste 56
2910.	R. 5.580.350.	Reste 1
2911.	R. 9.171.126.	Reste 87
2912.	R. 4.321.717.	Reste 34

2913	$\frac{474.050}{470}$	2928	$\frac{452.827}{304}$	2943	$\frac{236.478}{247}$	2958	$\frac{395.736}{143}$
2914	$\frac{870.047}{245}$	2929	$\frac{654.054}{897}$	2944	$\frac{452.870}{642}$	2959	$\frac{679.742}{543}$
2915	$\frac{654.207}{147}$	2930	$\frac{301.654}{245}$	2945	$\frac{572.070}{452}$	2960	$\frac{678.751}{290}$
2916	$\frac{984.805}{207}$	2931	$\frac{907.850}{507}$	2946	$\frac{676.424}{346}$	2961	$\frac{479.769}{419}$
2917	$\frac{832.405}{115}$	2932	$\frac{450.076}{892}$	2947	$\frac{954.670}{654}$	2962	$\frac{897.987}{517}$
2918	$\frac{574.604}{341}$	2933	$\frac{512.904}{761}$	2948	$\frac{908.405}{607}$	2963	$\frac{875.756}{174}$
2919	$\frac{976.804}{576}$	2934	$\frac{920.040}{274}$	2949	$\frac{454.026}{247}$	2964	$\frac{904.868}{207}$
2920	$\frac{475.007}{387}$	2935	$\frac{576.452}{384}$	2950	$\frac{609.805}{795}$	2965	$\frac{657.476}{794}$
2921	$\frac{805.940}{276}$	2936	$\frac{607.890}{955}$	2951	$\frac{504.807}{605}$	2966	$\frac{457.684}{850}$
2922	$\frac{800.010}{441}$	2937	$\frac{764.805}{359}$	2952	$\frac{430.020}{729}$	2967	$\frac{842.196}{374}$
2923	$\frac{307.401}{109}$	2938	$\frac{975.450}{970}$	2953	$\frac{743.724}{342}$	2968	$\frac{767.765}{451}$
2924	$\frac{506.825}{375}$	2939	$\frac{807.405}{709}$	2954	$\frac{624.746}{417}$	2969	$\frac{896.875}{675}$
2925	$\frac{375.407}{289}$	2940	$\frac{389.807}{778}$	2955	$\frac{946.762}{175}$	2970	$\frac{497.680}{290}$
2926	$\frac{820.706}{189}$	2941	$\frac{343.507}{246}$	2956	$\frac{874.984}{789}$	2971	$\frac{845.790}{475}$
2927	$\frac{546.079}{345}$	2942	$\frac{576.403}{876}$	2957	$\frac{784.198}{346}$	2972	$\frac{845.495}{849}$

2913. R. 1.008. Reste 290	2943. R. 957. Reste 99
2914. R. 3.551. Reste 52	2944. R. 705. Reste 260
2915. R. 4.450. Reste 57	2945. R. 1.265. Reste 290
2916. R. 4.757. Reste 106	2946. R. 1.954. Reste 340
2917. R. 7.238. Reste 35	2947. R. 1.459. Reste 484
2918. R. 1.685. Reste 19	2948. R. 1.496. Reste 333
2919. R. 1.695. Reste 484	2949. R. 1.838. Reste 40
2920. R. 1.227. Reste 158	2950. R. 767. Reste 40
2921. R. 2.920. Reste 20	2951. R. 834. Reste 237
2922. R. 1.814. Reste 36	2952. R. 589. Reste 639
2923. R. 2.820. Reste 21	2953. R. 2.174. Reste 216
2924. R. 1.351. Reste 200	2954. R. 1.397. Reste 287
2925. R. 1.298. Reste 285	2955. R. 5.410. Reste 12
2926. R. 4.342. Reste 68	2956. R. 1.108. Reste 772
2927. R. 1.582. Reste 289	2957. R. 2.266. Reste 162
2928. R. 1.489. Reste 171	2958. R. 2.767. Reste 55
2929. R. 729. Reste 141	2959. R. 1.251. Reste 449
2930. R. 1.231. Reste 59	2960. R. 2.340. Reste 151
2931. R. 2.957. Reste 51	2961. R. 1.145. Reste 14
2932. R. 504. Reste 508	2962. R. 1.736. Reste 475
2933. R. 673. Reste 751	2963. R. 5.033. Reste 14
2934. R. 3.357. Reste 222	2964. R. 4.371. Reste 71
2935. R. 1.501. Reste 68	2965. R. 828. Reste 44
2936. R. 636. Reste 510	2966. R. 538. Reste 384
2937. R. 2.130. Reste 135	2967. R. 2.251. Reste 322
2938. R. 1.005. Reste 600	2968. R. 1.702. Reste 163
2939. R. 1.138. Reste 563	2969. R. 1.328. Reste 475
2940. R. 501. Reste 29	2970. R. 1.716. Reste 40
2941. R. 1.396. Reste 91	2971. R. 1.780. Reste 290
2942. R. 657. Reste 871	2972. R. 995. Reste 740

№	Division	№	Division	№	Division	№	Division
2973	654.327 / 147	2988	542.659 / 454	3003	870.470 / 857	3018	750.079 / 652
2974	457.207 / 307	2989	874.574 / 791	3004	845.872 / 948	3019	749.076 / 954
2975	842.364 / 915	2990	576.454 / 807	3005	453.970 / 254	3020	459.065 / 774
2976	456.378 / 827	2991	808.764 / 304	3006	470.878 / 548	3021	646.842 / 356
2977	346.518 / 954	2992	254.852 / 254	3007	804.750 / 907	3022	653.405 / 478
2978	574.347 / 634	2993	456.879 / 854	3008	765.484 / 654	3023	739.874 / 819
2979	846.518 / 854	2994	400.674 / 376	3009	784.652 / 922	3024	679.745 / 456
2980	454.307 / 827	2995	807.456 / 556	3010	605.078 / 254	3025	674.822 / 456
2981	809.456 / 942	2996	456.872 / 867	3011	452.878 / 374	3026	605.427 / 742
2982	877.454 / 754	2997	976.450 / 749	3012	653.818 / 874	3027	604.825 / 617
2983	607.854 / 827	2998	759.807 / 694	3013	618.654 / 854	3028	605.207 / 789
2984	546.854 / 974	2999	406.905 / 709	3014	829.742 / 764	3029	743.825 / 379
2985	654.827 / 835	3000	650.017 / 456	3015	650.112 / 754	3030	437.978 / 879
2986	954.827 / 215	3001	456.872 / 907	3016	745.650 / 674	3031	608.849 / 347
2987	454.544 / 705	3002	976.450 / 749	3017	840.742 / 842	3032	859.049 / 847

2973.	R.	4.451.	Reste 30	3003.	R.	1.015. Reste 615
2974.	R.	1.489.	Reste 84	3004.	R.	892. Reste 256
2975.	R.	920.	Reste 564	3005.	R.	1.787. Reste 72
2976.	R.	551.	Reste 701	3006.	R.	859. Reste 146
2977.	R.	363.	Reste 216	3007.	R.	887. Reste 241
2978.	R.	905.	Reste 577	3008.	R.	1.170. Reste 304
2979.	R.	991.	Reste 204	3009.	R.	851. Reste 30
2980.	R.	549.	Reste 284	3010.	R.	2.382. Reste 50
2981.	R.	859.	Reste 278	3011.	R.	1.210. Reste 338
2982.	R.	1.163.	Reste 552	3012.	R.	748. Reste 166
2983.	E.	735.	Reste 9	3013.	R.	724. Reste 358
2984.	R.	561.	Reste 440	3014.	R.	1.086. Reste 38
2985.	R.	784.	Reste 187	3015.	R.	862. Reste 164
2986.	R.	4.441.	Reste 12	3016.	R.	1.106. Reste 206
2987.	R.	644.	Reste 524	3017.	R.	998. Reste 426
2988.	R.	1.195.	Reste 129	3018.	R.	1.150. Reste 279
2989.	R.	1.105.	Reste 519	3019.	R.	785. Reste 186
2990.	R.	714.	Reste 256	3020.	R.	593. Reste 83
2991.	R.	2.660.	Reste 124	3021.	R.	1.816. Reste 346
2992.	R.	1.003.	Reste 90	3022.	R.	1.366. Reste 457
2993.	R.	534.	Reste 843	3023.	R.	903. Reste 317
2994.	R.	1.065.	Reste 234	3024.	R.	1.490. Reste 305
2995.	R.	1.452.	Reste 144	3025.	R.	1.479. Reste 398
2996.	R.	526.	Reste 830	3026.	R.	815. Reste 697
2997.	R.	1.303.	Reste 503	3027.	R.	980. Reste 165
2998.	R.	1.094.	Reste 571	3028.	R.	767. Reste 44
2999.	R.	573.	Reste 648	3029.	R.	1.962. Reste 722
3000.	R.	1.425.	Reste 217	3030.	R.	498. Reste 236
3001.	R.	503.	Reste 651	3031.	R.	1.754. Reste 211
3002.	R.	1.303.	Reste 503	3032.	R.	1.014. Reste 191

3033	$\dfrac{754.754\ 301}{247}$	3048	$\dfrac{478.645.684}{974}$	3063	$\dfrac{574.654.876}{617}$
3034	$\dfrac{697.941.674}{305}$	3049	$\dfrac{673.568.004}{749}$	3064	$\dfrac{376.457.087}{452}$
3035	$\dfrac{178.935.421}{247}$	3050	$\dfrac{394.756.809}{749}$	3065	$\dfrac{167.047.096}{296}$
3036	$\dfrac{749.834.596}{453}$	3051	$\dfrac{785.374.098}{829}$	3066	$\dfrac{757.807.953}{196}$
3037	$\dfrac{351.978.432}{658}$	3052	$\dfrac{947.450.207}{345}$	3067	$\dfrac{946.870.075}{279}$
3038	$\dfrac{285.678.943}{309}$	3053	$\dfrac{525.000.407}{754}$	3068	$\dfrac{847.695.876}{341}$
3039	$\dfrac{758.754.963}{754}$	3054	$\dfrac{649.607.805}{795}$	3069	$\dfrac{434.079.081}{576}$
3040	$\dfrac{679.748.570}{504}$	3055	$\dfrac{517.486.809}{621}$	3070	$\dfrac{379.596.891}{876}$
3041	$\dfrac{794.325.069}{895}$	3056	$\dfrac{647.975.004}{796}$	3071	$\dfrac{162.457.830}{294}$
3042	$\dfrac{759.435.069}{495}$	3057	$\dfrac{754.827.905}{497}$	3072	$\dfrac{954.761.827}{684}$
3043	$\dfrac{459.457.853}{704}$	3058	$\dfrac{654.652.217}{872}$	3073	$\dfrac{801.970.007}{971}$
3044	$\dfrac{694.765.349}{807}$	3059	$\dfrac{929.452.907}{347}$	3074	$\dfrac{706.594.876}{337}$
3045	$\dfrac{498.765.407}{607}$	3060	$\dfrac{574.085.079}{759}$	3075	$\dfrac{807.436.587}{659}$
3046	$\dfrac{373.765.007}{405}$	3061	$\dfrac{887.089.009}{346}$	3076	$\dfrac{504.876.554}{896}$
3047	$\dfrac{594.765.072}{807}$	3062	$\dfrac{465.027.897}{534}$	3077	$\dfrac{672.507.804}{207}$

3033.	R. 3.055.685.	Reste 106
3034.	R. 2.288.333.	Reste 109
3035.	R. 724.434.	Reste 223
3036.	R. 1.655.264.	Reste 4
3037.	R. 534.921.	Reste 414
3038.	R. 924.527.	Reste 100
3039.	R. 1.006.306.	Reste 239
3040.	R. 1.348.707.	Reste 242
3041.	R. 887.514.	Reste 39
3042.	R. 1.534.212.	Reste 129
3043.	R. 652.638.	Reste 691
3044.	R. 860.923.	Reste 488
3045.	R. 821.689.	Reste 184
3046.	R. 922.876.	Reste 227
3047.	R. 737.007.	Reste 423
3048.	R. 491.422.	Reste 656
3049.	R. 899.289.	Reste 543
3050.	R. 527.045.	Reste 104
3051.	R. 947.375.	Reste 223
3052.	R. 2.746.232.	Reste 167
3053.	R. 696.287.	Reste 9
3054.	R. 817.116.	Reste 585
3055.	R. 833.312.	Reste 57
3056.	R. 814.038.	Reste 756
3057.	R. 1.518.768.	Reste 209
3058.	R. 750.747.	Reste 833
3059.	R. 2.678.538.	Reste 221
3060.	R. 756.370.	Reste 249
3061.	R. 2.563.841.	Reste 23
3062.	R. 870.838.	Reste 405
3063.	R. 931.369.	Reste 203
3064.	R. 832.869.	Reste 299
3065.	R. 564.348.	Reste 88
3066.	R. 3.866.367.	Reste 21
3067.	R. 3.393.799.	Reste 154
3068.	R. 2.485.911.	Reste 225
3069.	R. 753.609.	Reste 297
3070.	R. 775.795.	Reste 471
3071.	R. 552.577.	Reste 192
3072.	R. 1.395.850.	Reste 427
3073.	R. 825.921.	Reste 716
3074.	R. 2.096.720.	Reste 236
3075.	R. 1.225.245.	Reste 132
3076.	R. 563.478.	Reste 266
3077.	R. 3.248.829.	Reste 201

3078	$\dfrac{454.827.001}{542}$	3093	$\dfrac{224.853.907}{479}$	3108	$\dfrac{547.084.372}{976}$
3079	$\dfrac{874.256.084}{647}$	3094	$\dfrac{675.423.804}{779}$	3109	$\dfrac{479.875.452}{796}$
3080	$\dfrac{749.657.822}{345}$	3095	$\dfrac{347.658.432}{641}$	3110	$\dfrac{407.524.230}{798}$
3081	$\dfrac{654.002.546}{745}$	3096	$\dfrac{785.008.407}{347}$	3111	$\dfrac{827.453.571}{497}$
3082	$\dfrac{397.458.701}{499}$	3097	$\dfrac{943.217.875}{476}$	3112	$\dfrac{947.807.906}{898}$
3083	$\dfrac{987.698.475}{747}$	3098	$\dfrac{746.008.974}{795}$	3113	$\dfrac{457.009.840}{742}$
3084	$\dfrac{643.021.007}{457}$	3099	$\dfrac{987.745.878}{749}$	3114	$\dfrac{540.072.805}{575}$
3085	$\dfrac{907.009.471}{742}$	3100	$\dfrac{430.097.280}{476}$	3115	$\dfrac{984.376.091}{394}$
3086	$\dfrac{305.427.854}{207}$	3101	$\dfrac{876.495.688}{677}$	3116	$\dfrac{254.856.763}{475}$
3087	$\dfrac{542.324.529}{674}$	3102	$\dfrac{475.827.930}{390}$	3117	$\dfrac{305.700.905}{427}$
3088	$\dfrac{475.835.402}{897}$	3103	$\dfrac{347.006.921}{845}$	3118	$\dfrac{970.647.873}{998}$
3089	$\dfrac{947.844.542}{679}$	3104	$\dfrac{407.006.864}{405}$	3119	$\dfrac{176.870.009}{497}$
3090	$\dfrac{453.873.201}{542}$	3105	$\dfrac{740.080.008}{540}$	3120	$\dfrac{434.827.098}{496}$
3091	$\dfrac{894.273.455}{798}$	3106	$\dfrac{247.872.010}{794}$	3121	$\dfrac{784.256.852}{746}$
3092	$\dfrac{940.078.009}{579}$	3107	$\dfrac{942.357.460}{875}$	3122	$\dfrac{670.076.407}{857}$

3078.	R.	839.164.	Reste	113
3079.	R.	1.351.245.	Reste	569
3080.	R.	2.172.921.	Reste	77
3081.	R.	877.855.	Reste	571
3082.	R.	796.510.	Reste	211
3083.	R.	1.322.220.	Reste	135
3084.	R.	1.407.048.	Reste	71
3085.	R.	1.222.384.	Reste	543
3086.	R.	1.475.496.	Reste	182
3087.	R.	804.635.	Reste	539
3088.	R.	530.474.	Reste	224
3089.	R.	1.395.941.	Reste	603
3090.	R.	837.404.	Reste	233
3091.	R.	1.120.643.	Reste	341
3092.	R.	1.623.623.	Reste	292
3093.	R.	469.423.	Reste	290
3094.	R.	867.039.	Reste	423
3095.	R.	542.368.	Reste	544
3096.	R.	2.262.272.	Reste	23
3097.	R.	1.981.550.	Reste	75
3098.	R.	938.376.	Reste	54
3099.	R.	1.318.752.	Reste	630
3100.	R.	903.565.	Reste	340
3101.	R.	1.294.676.	Reste	36
3102.	R.	1.220.071.	Reste	240
3103.	R.	410.659.	Reste	66
3104.	R.	1.004.955.	Reste	89
3105.	R.	1.370.518.	Reste	288
3106.	R.	312.181.	Reste	296
3107.	R.	1.076.979.	Reste	835
3108.	R.	560.537.	Reste	260
3109.	R.	602.858.	Reste	484
3110.	R.	510.681.	Reste	792
3111.	R.	4.200.271.	Reste	184
3112.	R.	1.055.465.	Reste	336
3113.	R.	615.916.	Reste	168
3114.	R.	939.257.	Reste	30
3115.	R.	2.498.416.	Reste	187
3116.	R.	536.540.	Reste	263
3117.	R.	715.927.	Reste	76
3118.	R.	972.593.	Reste	59
3119.	R.	355.875.	Reste	134
2120.	R.	876.667.	Reste	266
3121.	R.	1.051.282.	Reste	405
3122.	R.	781.886.	Reste	108

3123	$\dfrac{745.401.807}{201}$	3138	$\dfrac{456.305.491}{457}$	3153	$\dfrac{764.832.907}{415}$
3124	$\dfrac{496.807.904}{357}$	3139	$\dfrac{607.324.087}{579}$	3154	$\dfrac{607.451.960}{876}$
3125	$\dfrac{547.076.974}{144}$	3140	$\dfrac{357.429.830}{245}$	3155	$\dfrac{745.653.842}{917}$
3126	$\dfrac{596.807.904}{678}$	3141	$\dfrac{650.027.701}{987}$	3156	$\dfrac{654.374.856}{429}$
3127	$\dfrac{745.864.370}{198}$	3142	$\dfrac{345.676.407}{287}$	3157	$\dfrac{376.496.908}{245}$
3128	$\dfrac{740.876.451}{954}$	3143	$\dfrac{675.451.007}{379}$	3158	$\dfrac{300.457.089}{897}$
3129	$\dfrac{594.870.676}{369}$	3144	$\dfrac{809.596.433}{876}$	3159	$\dfrac{543.087.341}{576}$
3130	$\dfrac{104.856.009}{595}$	3145	$\dfrac{753.450.076}{754}$	3160	$\dfrac{176.048.276}{379}$
3131	$\dfrac{397.450.096}{279}$	3146	$\dfrac{429.376.407}{347}$	3161	$\dfrac{534.875.706}{676}$
3132	$\dfrac{547.607.007}{457}$	3147	$\dfrac{576.827.452}{634}$	3162	$\dfrac{567.805.974}{347}$
3133	$\dfrac{674.320.134}{157}$	3148	$\dfrac{835.079.453}{744}$	3163	$\dfrac{976.854.079}{496}$
3134	$\dfrac{746.369.804}{796}$	3149	$\dfrac{652.025.044}{297}$	3164	$\dfrac{679.854.374}{447}$
3135	$\dfrac{564.600.070}{596}$	3150	$\dfrac{654.307.854}{387}$	3165	$\dfrac{987.697.004}{576}$
3136	$\dfrac{600.724.375}{375}$	3151	$\dfrac{907.454.263}{395}$	3166	$\dfrac{546.894.325}{470}$
3137	$\dfrac{794.827.954}{547}$	3152	$\dfrac{504.009.475}{465}$	3167	$\dfrac{746.876.381}{279}$

3123.	R. 3.708.466.	Reste 141
3124.	R. 1.391.618.	Reste 278
3125.	R. 3.799.145.	Reste 94
3126.	R. 880.247.	Reste 438
3127.	R. 3.766.991.	Reste 152
3128.	R. 776.600.	Reste 51
3129.	R. 1.612.115.	Reste 241
3130.	R. 176.228.	Reste 349
3131.	R. 1.424.552.	Reste 88
3132.	R. 1.198.264.	Reste 359
3133.	R. 4.295.032.	Reste 110
3134.	R. 937.650.	Reste 404
3135.	R. 947.315.	Reste 330
3136.	R. 1.601.931.	Reste 250
3137.	R. 1.453.067.	Reste 305
3138.	R. 998.480.	Reste 131
3139.	R. 1.048.918.	Reste 565
3140.	R. 1.458.897.	Reste 65
3141.	R. 658.589.	Reste 358
3142.	R. 1.204.447.	Reste 118
3143.	R. 1.782.192.	Reste 239
3144.	R. 924.196.	Reste 737
3145.	R. 999.270.	Reste 496
3146.	R. 1.237.395.	Reste 342
3147.	R. 909.822.	Reste 304
3148.	R. 1.122.418.	Reste 461
3149.	R. 2.195.370.	Reste 154
3150.	R. 1.690.717.	Reste 375
3151.	R. 2.297.352.	Reste 223
3152.	R. 1.083.891.	Reste 160
3153.	R. 1.842.970.	Reste 357
3154.	R. 693.438.	Reste 272
3155.	R. 763.207.	Reste 603
3156.	R. 1.525.349.	Reste 135
3157.	R. 1.536.722.	Reste 18
3158.	R. 334.957.	Reste 660
3159.	R. 942.859.	Reste 557
3160.	R. 464.507.	Reste 123
3161.	R. 791.236.	Reste 170
3162.	R. 1.636.328.	Reste 158
3163.	R. 1.969.463.	Reste 431
3164.	R. 1.520.927.	Reste 5
3165.	R. 1.714.751.	Reste 428
3166.	R. 1.163.604.	Reste 445
3167.	R. 2.676.976.	Reste 77

3168	$\dfrac{584.740.251}{4.376}$	3183	$\dfrac{574.207.824}{3.129}$	3198	$\dfrac{374.837.109}{4.057}$
3169	$\dfrac{674.237.452}{8.907}$	3184	$\dfrac{307.453.899}{9.765}$	3199	$\dfrac{787.824.300}{2.197}$
3170	$\dfrac{543.897.905}{6.407}$	3185	$\dfrac{542.396.987}{6.430}$	3200	$\dfrac{547.927.652}{8.432}$
3171	$\dfrac{743.217.908}{3.427}$	3186	$\dfrac{197.807.098}{9.408}$	3201	$\dfrac{234.827.206}{1.047}$
3172	$\dfrac{824.376.957}{4.784}$	3187	$\dfrac{453.837.954}{6.534}$	3202	$\dfrac{764.106.347}{5.943}$
3173	$\dfrac{653.476.285}{8.749}$	3188	$\dfrac{372.820.073}{9.526}$	3203	$\dfrac{541.224.807}{6.481}$
3174	$\dfrac{578.432.572}{4.086}$	3189	$\dfrac{579.400.047}{4.350}$	3204	$\dfrac{684.124.206}{5.398}$
3175	$\dfrac{840.076.974}{1.075}$	3190	$\dfrac{898.754.321}{9.784}$	3205	$\dfrac{541.307.650}{4.765}$
3176	$\dfrac{674.834.205}{7.970}$	3191	$\dfrac{797.029.345}{1.976}$	3206	$\dfrac{984.356.401}{2.034}$
3177	$\dfrac{574.834.207}{6.954}$	3192	$\dfrac{674.895.745}{3.427}$	3207	$\dfrac{673.454.807}{7.964}$
3178	$\dfrac{543.207.509}{4.987}$	3193	$\dfrac{471.940.815}{4.110}$	3208	$\dfrac{470.075.334}{8.107}$
3179	$\dfrac{607.472.829}{3.705}$	3194	$\dfrac{279.745.089}{5.401}$	3209	$\dfrac{879.471.076}{6.297}$
3180	$\dfrac{743.207.008}{2.075}$	3195	$\dfrac{907.008.752}{1.941}$	3210	$\dfrac{105.307.450}{2.471}$
3181	$\dfrac{456.824.397}{1.987}$	3196	$\dfrac{974.875.745}{2.476}$	3211	$\dfrac{807.007.927}{9.067}$
3182	$\dfrac{100.047.871}{2.007}$	3197	$\dfrac{753.808.205}{6.194}$	3212	$\dfrac{456.374.204}{5.769}$

3168.	R.	133.624.	Reste 1.627
3169.	R.	75.697.	Reste 4.273
3170.	R.	84.891.	Reste 1.268
3171.	R.	216.871.	Reste 991
3172.	R.	172.319.	Reste 2.861
3173.	R.	74.691.	Reste 4.726
3174.	R.	141.564.	Reste 2.068
3175.	R.	781.466.	Reste 1.024
3176.	R.	84.671.	Reste 6.335
3177.	R.	82.662.	Reste 2.659
3178.	R.	108.924.	Reste 3.521
3179.	R.	163.960.	Reste 1.029
3180.	R.	358.172.	Reste 108
3181.	R.	229.906.	Reste 1.175
3182.	R.	49.849.	Reste 928
3183.	R.	183.511.	Reste 1.905
3184.	R.	31.485.	Reste 2.874
3185.	R.	84.354.	Reste 767
3186.	R.	21.025.	Reste 3.898
3187.	R.	69.456.	Reste 2.450
3188.	R.	39.137.	Reste 1.011
3189.	R.	133.195.	Reste 1.797
3190.	R.	91.859.	Reste 5.865
3191.	R.	403.354.	Reste 1.841
3192.	R.	196.934.	Reste 2.927
3193.	R.	114.827.	Reste 1.845
3194.	R.	51.795.	Reste 294
3195.	R.	467.289.	Reste 803
3196.	R.	393.730.	Reste 265
3197.	R.	121.699.	Reste 4.599
3198.	R.	92.392.	Reste 2.765
3199.	R.	358.590.	Reste 2.070
3200.	R.	64.981.	Reste 7.860
3201.	R.	224.285.	Reste 811
3202.	R.	128.572.	Reste 2.951
3203.	R.	83.509.	Reste 2.978
3204.	R.	126.736.	Reste 3.278
3205.	R.	113.600.	Reste 3.650
3206.	R.	483.951.	Reste 67
3207.	R.	84.562.	Reste 3.039
3208.	R.	57.983.	Reste 7.153
3209.	R.	139.665.	Reste 571
3210.	R.	42.617.	Reste 843
3211.	R.	89.004.	Reste 8.659
3212.	R.	79.108.	Reste 152

N°	Opération	N°	Opération	N°	Opération
3213	$\dfrac{478.354.876}{3.984}$	3228	$\dfrac{748.757.432}{2.796}$	3243	$\dfrac{984.654.972}{2.474}$
3214	$\dfrac{407.854.274}{1.749}$	3229	$\dfrac{846.546.987}{2.797}$	3244	$\dfrac{746.087.457}{1.987}$
3215	$\dfrac{605.704.650}{9.485}$	3230	$\dfrac{845.653.027}{4.854}$	3245	$\dfrac{453.347.907}{2.794}$
3216	$\dfrac{742.960.854}{9.765}$	3231	$\dfrac{176.485.652}{9.876}$	3246	$\dfrac{746.800.079}{1.874}$
3217	$\dfrac{745.804.907}{4.509}$	3232	$\dfrac{745.905.824}{4.257}$	3247	$\dfrac{453.087.674}{5.987}$
3218	$\dfrac{674.075.847}{2.471}$	3233	$\dfrac{748.427.960}{9.876}$	3248	$\dfrac{787.654.927}{4.789}$
3219	$\dfrac{976.425.654}{3.426}$	3234	$\dfrac{476.845.904}{1.654}$	3249	$\dfrac{674.857.904}{7.464}$
3220	$\dfrac{746.870.049}{1.985}$	3235	$\dfrac{741.015.748}{3.476}$	3250	$\dfrac{874.642.874}{1.743}$
3221	$\dfrac{425.785.049}{7.495}$	3236	$\dfrac{746.874.907}{2.452}$	3251	$\dfrac{874.953.654}{1.798}$
3222	$\dfrac{787.405.654}{9.876}$	3237	$\dfrac{875.454.807}{2.759}$	3252	$\dfrac{976.850.017}{7.456}$
3223	$\dfrac{470.875.984}{9.857}$	3238	$\dfrac{174.874.954}{7.429}$	3253	$\dfrac{546.874.957}{2.987}$
3224	$\dfrac{565.043.871}{2.145}$	3239	$\dfrac{307.452.805}{8.745}$	3254	$\dfrac{674.852.977}{3.478}$
3225	$\dfrac{437.658.470}{7.407}$	3240	$\dfrac{607.049.457}{7.945}$	3255	$\dfrac{174.854.957}{4.789}$
3226	$\dfrac{748.974.854}{5.485}$	3241	$\dfrac{650.174.850}{1.794}$	3256	$\dfrac{746.974.854}{9.894}$
3227	$\dfrac{876.432.574}{1.784}$	3242	$\dfrac{746.854.954}{2.975}$	3257	$\dfrac{678.907.854}{9.875}$

3213.	R. 120.068.	Reste 3.964
3214.	R. 233.192.	Reste 1.466
3215.	R. 63.859.	Reste 2.035
3216.	R. 76.084.	Reste 594
3217.	R. 165.403.	Reste 2.780
3218.	R. 272.794.	Reste 1.873
3219.	R. 285.004.	Reste 1.950
3220.	R. 376.256.	Reste 1.889
3221.	R. 56.809.	Reste 1.594
3222.	R. 79.729.	Reste 2.050
3223.	R. 47.770.	Reste 7.094
3224.	R. 263.423.	Reste 1.536
3225.	R. 59.087.	Reste 1.061
3226.	R. 136.549.	Reste 3.589
3227.	R. 491.273.	Reste 1.542
3228.	R. 267.795.	Reste 2.612
3229.	R. 302.662.	Reste 1.373
3230.	R. 174.217.	Reste 3.709
3231.	R. 17.870.	Reste 1.532
3232.	R. 175.218.	Reste 2.798
3233.	R. 75.782.	Reste 4.928
3234.	R. 288.298.	Reste 1.012
3235.	R. 213.180.	Reste 2.068
3236.	R. 304.598.	Reste 611
3237.	R. 317.308.	Reste 2.035
3238.	R. 23.539.	Reste 3.723
3239.	R. 35.157.	Reste 4.840
3240.	R. 76.406.	Reste 3.787
2341.	R. 362.416.	Reste 546
3242.	R. 251.043.	Reste 2.029
3243.	R. 398.001.	Reste 498
3244.	R. 375.484.	Reste 749
3245.	R. 162.257.	Reste 1.849
3246.	R. 398.505.	Reste 1.709
3247.	R. 75.678.	Reste 3.488
3248.	R. 164.471.	Reste 3.308
3249.	R. 90.415.	Reste 344
3250.	R. 501.803.	Reste 245
3251.	R. 486.626.	Reste 106
3252.	R. 131.015.	Reste 2.177
3253.	R. 183.085.	Reste 62
3254.	R. 194.034.	Reste 2.725
3255.	R. 36.511.	Reste 3.778
3256.	R. 75.497.	Reste 7.536
3257.	R. 68.750.	Reste 1.604

3258	$\dfrac{542.875.576}{2.195}$	3273	$\dfrac{429.345.371}{9.876}$	3288	$\dfrac{846.070.870}{8.090}$
3259	$\dfrac{347.042.671}{7.421}$	3274	$\dfrac{897.240.087}{2.407}$	3289	$\dfrac{541.287.834}{1.741}$
3260	$\dfrac{234.025.607}{2.897}$	3275	$\dfrac{500.109.729}{6.079}$	3290	$\dfrac{742.676.207}{2.694}$
3261	$\dfrac{742.525.834}{1.456}$	3276	$\dfrac{420.121.376}{3.196}$	3291	$\dfrac{454.237.889}{7.894}$
3262	$\dfrac{724.905.601}{7.423}$	3277	$\dfrac{970.230.510}{2.798}$	3292	$\dfrac{904.007.869}{2.747}$
3263	$\dfrac{894.078.456}{3.748}$	3278	$\dfrac{670.421.789}{2.340}$	3293	$\dfrac{345.655.835}{4.567}$
3264	$\dfrac{279.176.406}{7.426}$	3279	$\dfrac{341.375.654}{1.586}$	3294	$\dfrac{709.478.927}{9.079}$
3265	$\dfrac{374.089.453}{2.989}$	3280	$\dfrac{874.337.452}{2.653}$	3295	$\dfrac{977.045.874}{2.345}$
3266	$\dfrac{864.826.204}{1.347}$	3281	$\dfrac{824.937.450}{1.453}$	3296	$\dfrac{294.076.927}{7.609}$
3267	$\dfrac{904.087.605}{2.984}$	3282	$\dfrac{605.907.079}{2.986}$	3297	$\dfrac{746.824.035}{6.941}$
3268	$\dfrac{741.233.479}{4.875}$	3283	$\dfrac{761.045.817}{2.352}$	3298	$\dfrac{560.076.927}{2.475}$
3269	$\dfrac{799.354.827}{8.421}$	3284	$\dfrac{452.674.213}{5.854}$	3299	$\dfrac{971.087.450}{3.074}$
3270	$\dfrac{276.484.832}{3.476}$	3285	$\dfrac{176.407.874}{7.406}$	3300	$\dfrac{346.074.837}{1.074}$
3271	$\dfrac{476.807.452}{1.627}$	3286	$\dfrac{216.115.076}{8.234}$	3301	$\dfrac{818.452.907}{3.456}$
3272	$\dfrac{676.804.215}{9.476}$	3287	$\dfrac{827.904.307}{5.632}$	3302	$\dfrac{940.417.807}{2.955}$

3258.	R. 247.323.	Reste	1.591
3259.	R. 46.764.	Reste	7.027
3260.	R. 80.782.	Reste	153
3261.	R. 509.976.	Reste	778
3262.	R. 97.656.	Reste	5.113
3263.	R. 214.535.	Reste	1.276
3264.	R. 37.594.	Reste	3.362
3265.	R. 125.155.	Reste	1.158
3266.	R. 642.038.	Reste	1.018
3267.	R. 302.978.	Reste	1.253
3268.	R. 152.047.	Reste	4.354
3269.	R. 94.923.	Reste	8.244
3270.	R. 79.541.	Reste	316
3271.	R. 293.059.	Reste	459
3272.	R. 71.422.	Reste	9.343
3273.	R. 43.473.	Reste	6.023
3274.	R. 372.762.	Reste	1.953
3275.	R. 82.268.	Reste	2.557
3276.	R. 131.452.	Reste	784
3277.	R. 346.758.	Reste	1.626
3278.	R. 286.505.	Reste	089
3279.	R. 215.243.	Reste	256
3280.	R. 329.565.	Reste	1.507
3281.	R. 567.747.	Reste	1.059
3282.	R. 202.915.	Reste	2.889
3283.	R. 323.573.	Reste	2.121
3284.	R. 77.327.	Reste	1.955
3285.	R. 23.819.	Reste	4.360
3286.	R. 26.246.	Reste	5.512
3287.	R. 147.000.	Reste	307
3288.	R. 104.582.	Reste	2.490
3289.	R. 310.906.	Reste	488
3290.	R. 275.677.	Reste	2.369
3291.	R. 57.542.	Reste	1.341
3292.	R. 329.089.	Reste	386
3393.	R. 75.685.	Reste	2.440
3294.	R. 78.145.	Reste	472
3295.	R. 416.650.	Reste	1.624
3296.	R. 33.848.	Reste	4.295
3297.	R. 107.596.	Reste	199
3298.	R. 226.293.	Reste	1.752
3299.	R. 315.903.	Reste	1.628
3300.	R. 322.229.	Reste	891
3301.	R. 236.820.	Reste	2.987
3302.	R. 318.246.	Reste	877

3303	$\dfrac{374.850.076}{4.756}$	3318	$\dfrac{370.450.085}{7.643}$	3333	$\dfrac{749.854.673}{8.174}$
3304	$\dfrac{745.674.854}{8.790}$	3319	$\dfrac{900.075.456}{3.217}$	3334	$\dfrac{907.470.078}{2.541}$
3305	$\dfrac{307.459.543}{9.074}$	3320	$\dfrac{845.901.654}{8.429}$	3335	$\dfrac{653.070.089}{6.097}$
3306	$\dfrac{976.456.807}{6.542}$	3321	$\dfrac{650.074.605}{6.541}$	3336	$\dfrac{600.741.907}{8.456}$
3307	$\dfrac{174.800.976}{1.009}$	3322	$\dfrac{456.007.674}{7.654}$	3337	$\dfrac{654.834.907}{9.764}$
3308	$\dfrac{542.784.372}{8.074}$	3323	$\dfrac{176.847.954}{7.817}$	3338	$\dfrac{487.094.070}{6.075}$
3309	$\dfrac{417.654.876}{9.072}$	3324	$\dfrac{674.397.907}{9.402}$	3339	$\dfrac{849.764.650}{7.815}$
3310	$\dfrac{917.454.826}{6.485}$	3325	$\dfrac{654.800.077}{7.045}$	3340	$\dfrac{701.874.417}{1.011}$
3311	$\dfrac{954.267.007}{6.075}$	3326	$\dfrac{654.207.856}{6.045}$	3341	$\dfrac{237.467.897}{6.074}$
3312	$\dfrac{652.475.856}{7.845}$	3327	$\dfrac{964.857.754}{8.794}$	3342	$\dfrac{376.845.650}{6.804}$
3313	$\dfrac{407.976.077}{4.095}$	3328	$\dfrac{396.466.907}{8.742}$	3343	$\dfrac{794.854.376}{4.561}$
3314	$\dfrac{895.405.974}{8.495}$	3329	$\dfrac{854.943.857}{7.654}$	3344	$\dfrac{674.300.079}{7.601}$
3315	$\dfrac{854.276.097}{7.007}$	3330	$\dfrac{790.078.456}{2.347}$	3345	$\dfrac{230.456.876}{8.741}$
3316	$\dfrac{907.417.850}{9.012}$	3331	$\dfrac{927.084.874}{6.701}$	3346	$\dfrac{193.456.907}{1.710}$
3317	$\dfrac{170.079.450}{4.560}$	3332	$\dfrac{316.405.654}{1.435}$	3347	$\dfrac{347.605.854}{8.479}$

3303. R.   78.816. Reste 1.180
3304. R.   84.832. Reste 1.574
3305. R.   33.883. Reste 5.201
3306. R. 149.259. Reste 4.429
3307. R. 173.241. Reste   807
3308. R.   67.226. Reste 1.648
3309. R.   46.037. Reste 7.212
3310. R. 141.473. Reste 2.421
3311. R. 157.080. Reste 6.007
3312. R.   83.170. Reste 7.206
3313. R.   99.627. Reste 3.512
3314. R. 105.403. Reste 7.489
3315. R. 121.917. Reste 3.678
3316. R. 100.689. Reste 8.582
3317. R.   37.298. Reste   570
3318. R.   48.469. Reste 1.518
3319. R. 279.787. Reste   677
3320. R. 100.356. Reste   930
3321. R.   99.381. Reste 3.861
3322. R.   59.577. Reste 5.316
3323. R.   22.623. Reste 3.963
3324. R.   71.729. Reste 1.849
3325. R.   92.945. Reste 2.552
3326. R. 108.222. Reste 5.866
3327. R. 109.717. Reste 6.456
3328. R.   45.351. Reste 8.465
3329. R. 111.698. Reste 7.365
3330. R. 336.633. Reste   805
3331. R. 138.350. Reste 1.524
3332. R. 220.491. Reste 1.069
3333. R.   91.736. Reste 4.614
3334. R. 357.131. Reste   207
3335. R. 107.113. Reste 2.128
3336. R.   71.043. Reste 2.299
3337. R.   67.066. Reste 2.483
3338. R.   80.180. Reste   570
3339. R. 108.735. Reste   625
3340. R. 694.237. Reste   810
3341. R.   39.095. Reste 4.867
3342. R.   55.385. Reste 6.110
3343. R. 174.271. Reste 4.345
3344. R.   88.712. Reste   167
3345. R.   26.365. Reste   411
3346. R. 113.132. Reste 1.187
3347. R.   40.996. Reste   770

3348	$\dfrac{606.405.894}{4.706}$	3363	$\dfrac{723.904.235}{1.079}$	3378	$\dfrac{746.078.054}{7.801}$
3349	$\dfrac{805.423.135}{4.689}$	3364	$\dfrac{625.478.350}{1.984}$	3379	$\dfrac{902.745.654}{8.425}$
3350	$\dfrac{100.402.345}{7.154}$	3365	$\dfrac{700.120.320}{2.974}$	3380	$\dfrac{801.342.513}{6.741}$
3351	$\dfrac{635.426.976}{8.941}$	3366	$\dfrac{407.001.234}{6.971}$	3381	$\dfrac{741.231.074}{8.421}$
3352	$\dfrac{470.046.874}{7.654}$	3367	$\dfrac{560.079.076}{2.769}$	3382	$\dfrac{604.653.752}{8.423}$
3353	$\dfrac{743.257.834}{3.746}$	3368	$\dfrac{179.807.450}{3.709}$	3383	$\dfrac{674.256.807}{3.471}$
3354	$\dfrac{560.079.452}{8.974}$	3369	$\dfrac{340.058.952}{4.985}$	3384	$\dfrac{243.072.654}{7.981}$
3355	$\dfrac{375.674.859}{3.746}$	3370	$\dfrac{245.654.763}{3.781}$	3385	$\dfrac{741.354.652}{8.741}$
3356	$\dfrac{745.678.432}{8.475}$	3371	$\dfrac{245.068.095}{4.794}$	3386	$\dfrac{652.334.225}{7.601}$
3357	$\dfrac{765.876.342}{9.874}$	3372	$\dfrac{217.654.815}{8.764}$	3387	$\dfrac{504.224.012}{7.654}$
3358	$\dfrac{359.879.405}{6.984}$	3373	$\dfrac{245.072.432}{6.541}$	3388	$\dfrac{345.079.084}{8.792}$
3359	$\dfrac{475.875.467}{7.654}$	3374	$\dfrac{247.610.023}{9.765}$	3389	$\dfrac{674.079.049}{8.109}$
3360	$\dfrac{907.880.077}{9.784}$	3375	$\dfrac{402.356.210}{8.107}$	3390	$\dfrac{894.007.965}{1.765}$
3361	$\dfrac{617.223.423}{1.875}$	3376	$\dfrac{624.423.032}{4.235}$	3391	$\dfrac{654.006.795}{9.871}$
3362	$\dfrac{792.678.432}{4.781}$	3377	$\dfrac{547.607.432}{4.706}$	3392	$\dfrac{670.074.027}{3.799}$

3348. R. 128.858. Reste 146
3349. R. 171.768. Reste 2.983
3350. R. 14.034. Reste 3.109
3351. R. 71.068. Reste 7.988
3352. R. 61.411. Reste 7.080
3353. R. 198.413. Reste 2.736
3354. R. 62.411. Reste 3.138
3355. R. 100.286. Reste 3.503
3356. R. 87.985. Reste 5.557
3357. R. 77.564. Reste 9.406
3358. R. 51.242. Reste 5.277
3359. R. 62.173. Reste 3.325
3360. R. 92.792. Reste 3.149
3361. R. 329.185. Reste 1.548
3362. R. 165.797. Reste 2.975
3363. R. 670.902. Reste 977
3364. R. 315.261. Reste 526
3365. R. 235.413. Reste 2.058
3366. R. 58.384. Reste 6.370
3367. R. 202.267. Reste 1.753
3368. R. 48.478. Reste 2.548
3369. R. 68.216. Reste 2.192
3370. R. 64.970. Reste 3.193
3371. R. 51.119. Reste 3.609
3372. R. 24.835. Reste 875
3373. R. 37.467. Reste 785
3374. R. 25.356. Reste 8.683
3375. R. 49.630. Reste 5.800
3376. R. 147.372. Reste 2.612
3377. R. 116.363. Reste 3.154
3378. R. 95.638. Reste 6.016
3379. R. 107.150. Reste 6.904
3380. R. 118.875. Reste 6.138
3381. R. 88.021. Reste 6.233
3382. R. 71.786. Reste 274
3383. R. 194.254. Reste 1.173
3384. R. 30.456. Reste 3.318
3385. R. 84.813. Reste 4.219
3386. R. 85.822. Reste 1.203
3387. R. 65.877. Reste 1.454
3388. R. 39.249. Reste 1.876
3389. R. 83.127. Reste 2.206
3390. R. 506.520. Reste 165
3391. R. 66.255. Reste 3.690
3392. R. 71.3681. Reste 2.608

3393	$\dfrac{407.884.257}{47.679}$	3408	$\dfrac{574.089.572}{13.427}$	3423	$\dfrac{456.087.654}{75.979}$
3394	$\dfrac{600.457.824}{67\ 453}$	3409	$\dfrac{101.234.825}{24.507}$	3424	$\dfrac{864.207.450}{79.672}$
3395	$\dfrac{874.253.007}{47.076}$	3410	$\dfrac{741.020.070}{41.976}$	3425	$\dfrac{765.846.907}{29.674}$
3396	$\dfrac{647.024.790}{87.834}$	3411	$\dfrac{428.673.454}{54.607}$	3426	$\dfrac{746.852.925}{37.654}$
3397	$\dfrac{574.347.018}{27.402}$	3412	$\dfrac{705.906.408}{19.854}$	3427	$\dfrac{879.453.827}{46.953}$
3398	$\dfrac{545.885.754}{17.383}$	3413	$\dfrac{680.007.901}{45.691}$	3428	$\dfrac{784.209.781}{87.768}$
3399	$\dfrac{245.627.964}{45.972}$	3414	$\dfrac{376.087.074}{20.045}$	3429	$\dfrac{600.748.140}{19.875}$
3400	$\dfrac{765.405.864}{60.852}$	3415	$\dfrac{746.847.901}{59.807}$	3430	$\dfrac{475.028.375}{29.896}$
3401	$\dfrac{364.546.207}{74.835}$	3416	$\dfrac{107.452.864}{46.752}$	3431	$\dfrac{487.954.267}{37.409}$
3402	$\dfrac{896.364.207}{25.649}$	3417	$\dfrac{670.047.051}{94.364}$	3432	$\dfrac{805.643.215}{60.798}$
3403	$\dfrac{432.804.925}{30.795}$	3418	$\dfrac{976.084.854}{54.976}$	3433	$\dfrac{456.976.407}{19.876}$
3404	$\dfrac{564.296.804}{64.785}$	3419	$\dfrac{480.305.427}{67.198}$	3434	$\dfrac{806.407.374}{34.987}$
3405	$\dfrac{976.654.821}{27.401}$	3420	$\dfrac{540.622.007}{44.507}$	3435	$\dfrac{843.576.841}{87.984}$
3406	$\dfrac{674.827.504}{82.609}$	3421	$\dfrac{197.436.526}{57.742}$	3436	$\dfrac{647.854.078}{65.924}$
3407	$\dfrac{724.008.057}{21.249}$	3422	$\dfrac{654.843.246}{24.839}$	3437	$\dfrac{487.975.482}{67.819}$

3393.	R.	8.554	, 798.	Reste 43.158
3394.	R.	8.901	, 869.	Reste 54.343
3395.	R.	18.571	, 097.	Reste 44.628
3396.	R.	7.366	, 450.	Reste 20.700
3397.	R.	20.960	, 040.	Reste 1.920
3398.	R.	31.403	, 425.	Reste 17.225
3399.	R.	5.342	, 990.	Reste 27.720
3400.	R.	12.578	, 154.	Reste 36.792
3401.	R.	4.871	, 333.	Reste 1.945
3402.	R.	34.947	, 335.	Reste 11.585
3403.	R.	14.054	, 389.	Reste 15.745
3404.	R.	8.710	, 300.	Reste 18.500
3405.	R.	35.643	, 035.	Reste 18.965
3406.	R.	8.168	, 934.	Reste 35.194
3407.	R.	34.072	, 570.	Reste 17.070
3408.	R.	42.756	, 354.	Reste 6.842
3409.	R.	4.130	, 853.	Reste 10.529
3410.	R.	17.653	, 422.	Reste 28.128
3411.	R.	7.850	, 155.	Reste 36.915
3412.	R.	35.554	, 870.	Reste 19.020
3413.	R.	14.882	, 753.	Reste 33.677
3414.	R.	18.762	, 138.	Reste 17.790
3415.	R.	12.487	, 633.	Reste 34.169
3416.	R.	2.298	, 358.	Reste 30.784
3417.	R.	7.100	, 663.	Reste 87.668
3418.	R.	17.754	, 744.	Reste 47.856
3419.	R.	7.147	, 614.	Reste 61.428
3420.	R.	12.146	, 898.	Reste 17.714
3421.	R.	3.419	, 287.	Reste 56.046
3422.	R.	26.363	, 510.	Reste 21.110
3423.	R.	6.002	, 812.	Reste 1.052
3424.	R.	10.847	, 066.	Reste 7.648
3425.	R.	25.808	, 684.	Reste 17.984
3426.	R.	19.834	, 623.	Reste 30.558
3427.	R.	18.730	, 514.	Reste 3.158
3428.	R.	8.935	, 030.	Reste 67.960
3429.	R.	30.226	, 321.	Reste 10.125
3430.	R.	15.889	, 362.	Reste 8.648
3431.	R.	13.043	, 766.	Reste 24.706
3432.	R.	13.251	, 146.	Reste 40.492
3433.	R.	22.991	, 366.	Reste 16.384
3434.	R.	23.048	, 771.	Reste 23.023
3435.	R.	9.587	, 843.	Reste 62.488
3436.	R.	9.827	, 287.	Reste 9.812
3437.	R.	7.195	, 262.	Reste 8.422

3438	$\dfrac{4.765.845.375}{149.807}$	3453	$\dfrac{7.456.842.076}{450.368}$	3468	$\dfrac{7.464.804.605}{296.489}$
3439	$\dfrac{7.432.017.854}{197.685}$	3454	$\dfrac{8.743.201.006}{437.208}$	3469	$\dfrac{1.700.095.084}{346.845}$
3440	$\dfrac{5.421.876.907}{198.489}$	3455	$\dfrac{5.421.814.354}{789.079}$	3470	$\dfrac{7.465.829.434}{247.674}$
3441	$\dfrac{7.485.689.704}{198.345}$	3456	$\dfrac{6.874.674.189}{145.890}$	3471	$\dfrac{9.467.807.008}{374.817}$
3442	$\dfrac{1.107.405.079}{189.345}$	3457	$\dfrac{4.245.873.901}{947.684}$	3472	$\dfrac{4.764.822.400}{764.604}$
3443	$\dfrac{5.748.056.769}{297.097}$	3458	$\dfrac{8.461.704.656}{252.674}$	3473	$\dfrac{4.684.767.484}{896.718}$
3444	$\dfrac{4.427.807.954}{987.064}$	3459	$\dfrac{5.340.007.453}{986.364}$	3474	$\dfrac{6.748.950.076}{978.484}$
3445	$\dfrac{8.470.364.076}{289.049}$	3460	$\dfrac{6.780.400.791}{677.400}$	3475	$\dfrac{8.456.097.456}{374.807}$
3446	$\dfrac{5.432.578.076}{297.845}$	3461	$\dfrac{8.456.074.464}{194.687}$	3476	$\dfrac{7.456.874.379}{204.542}$
3447	$\dfrac{5.742.874.075}{789.245}$	3462	$\dfrac{3.456.078.041}{487.854}$	3477	$\dfrac{6.454.570.049}{753.947}$
3448	$\dfrac{6.846.007.597}{981.206}$	3463	$\dfrac{3.456.007.326}{769.475}$	3478	$\dfrac{7.420.746.008}{279.446}$
3449	$\dfrac{4.127.075.804}{877.484}$	3464	$\dfrac{9.475.809.007}{479.834}$	3479	$\dfrac{8.435.720.841}{196.954}$
3450	$\dfrac{5.406.875.684}{198.079}$	3465	$\dfrac{6.743.463.875}{184.962}$	3480	$\dfrac{6.347.972.850}{894.205}$
3451	$\dfrac{6.749.854.567}{478.075}$	3466	$\dfrac{1.467.684.607}{472.624}$	3481	$\dfrac{9.457.421.824}{746.894}$
3452	$\dfrac{9.007.452.805}{987.026}$	3467	$\dfrac{7.437.654.827}{249.744}$	3482	$\dfrac{3.953.426.831}{694.076}$

3438. R. 31.813 , 235. Reste 79.355
3439. R. 37.595 , 254. Reste 67.010
3440. R. 27.315 , 755. Reste 12.805
3441. R. 37.740 , 753. Reste 50.215
3442. R. 5.848 , 610. Reste 18.550
3443. R. 19.347 , 407. Reste 191.521
3444. R. 4.485 , 836. Reste 728.496
3445. R. 29.304 , 249. Reste 206.799
3446. R. 18.239 , 614. Reste 244.170
3447. R. 7.276 , 414. Reste 707.570
3448. R. 6.955 , 868. Reste 576.192
3449. R. 4.703 , 306. Reste 41.896
3450. R. 27.296 , 561. Reste 177.681
3451. R. 14.118 , 813. Reste 173.575
3452. R. 9.125 , 851. Reste 595.874
3453. R. 16.557 , 220. Reste 19.040
3454. R. 19.997 , 806. Reste 240.352
3455. R. 6.871 , 066. Reste 465.786
3456. R. 47.122 , 312. Reste 91.320
3457. R. 4.480 , 263. Reste 340.108
3458. R. 33.488 , 624. Reste 75.424
3459. R. 5.413 , 830. Reste 438.880
3460. R. 10.009 , 449. Reste 38.400
3461. R. 43.434 , 201. Reste 173.913
3462. R. 7.084 , 246. Reste 292.916
3463. R. 4.491 , 383. Reste 392.075
3464. R. 19.748 , 098. Reste 151.268
3465. R. 36.458 , 644. Reste 163.472
3466. R. 3.105 , 395. Reste 400.520
3467. R. 29.781 , 115. Reste 42.440
3468. R. 25.177 , 340. Reste 245.740
3469. R. 4.901 , 598. Reste 325.690
3470. R. 30.143 , 775. Reste 104.650
3471. R. 25.259 , 812. Reste 53.596
3472. R. 6.231 , 751. Reste 658.396
3473. R. 5.224 , 173. Reste 794.596
3474. R. 6.897 , 353. Reste 523.148
3475. R. 22.561 , 204. Reste 268.372
3476. R. 36.456 , 446. Reste   1.268
3477. R. 8.561 , 039. Reste 378.067
3478. R. 26.555 , 205. Reste 191.570
3479. R. 42.830 , 919. Reste 20.274
3480. R. 7.099 , 012. Reste 824.540
3481. R. 12.662 , 334. Reste 533.404
3482. R. 5.695 , 956. Reste 273.344

3483	$\frac{29,45}{2}$	3498	$\frac{416,70}{25}$	3513	$\frac{716,451}{434}$	3528	$\frac{765,50}{849}$
3484	$\frac{76,04}{8}$	3499	$\frac{744,12}{45}$	3514	$\frac{405,459}{245}$	3529	$\frac{653,075}{746}$
3485	$\frac{89,026}{14}$	3500	$\frac{635,85}{75}$	3515	$\frac{607,88}{550}$	3530	$\frac{874,05}{978}$
3486	$\frac{74,205}{25}$	3501	$\frac{846,90}{60}$	3516	$\frac{909,54}{670}$	3531	$\frac{347,854}{349}$
3487	$\frac{45,255}{15}$	3502	$\frac{365,76}{36}$	3517	$\frac{357,42}{480}$	3532	$\frac{967,85}{796}$
3488	$\frac{76,755}{20}$	3503	$\frac{487,90}{85}$	3518	$\frac{678,0174}{375}$	3533	$\frac{472,307}{245}$
3489	$\frac{84,015}{30}$	3504	$\frac{746,82}{90}$	3519	$\frac{745,801}{754}$	3534	$\frac{463,207}{479}$
3490	$\frac{195,3}{45}$	3505	$\frac{674,91}{18}$	3520	$\frac{754,290}{275}$	3535	$\frac{670,905}{217}$
3491	$\frac{74,256}{7}$	3506	$\frac{974,64}{80}$	3521	$\frac{576,270}{745}$	3536	$\frac{207,406}{974}$
3492	$\frac{87,017}{50}$	3507	$\frac{873,45}{72}$	3522	$\frac{945,004}{376}$	3537	$\frac{405,07}{197}$
3493	$\frac{175,017}{5}$	3508	$\frac{952,85}{50}$	3523	$\frac{415,02}{719}$	3538	$\frac{405,24}{425}$
3494	$\frac{217,40}{8}$	3509	$\frac{875,76}{75}$	3524	$\frac{975,03}{825}$	3539	$\frac{357,405}{473}$
3495	$\frac{307,50}{12}$	3510	$\frac{647,96}{32}$	3525	$\frac{201,350}{455}$	3540	$\frac{210,054}{745}$
3496	$\frac{452,178}{9}$	3511	$\frac{896,85}{80}$	3526	$\frac{905,025}{795}$	3541	$\frac{405,853}{549}$
3497	$\frac{550,85}{40}$	3512	$\frac{787,77}{48}$	3527	$\frac{940,01}{790}$	3542	$\frac{807,025}{986}$

3483.	R. 14 , 725		3498.	R. 16 , 668	
3484.	R. 9 , 505		3499.	R. 16 , 536	
3485.	R. 6 , 359		3500.	R. 8 , 478	
3486.	R. 2 , 968.200		3501.	R. 14 , 115	
3487.	R. 3 , 017		3502.	R. 10 , 160	
3488.	R. 3 , 837.750		3503.	R. 5 , 740	
3489.	R. 2 , 800.500		3504.	R. 8 , 298	
3490.	R. 4 , 340		3505.	R. 37 , 495	
3491.	R. 10 , 608		3506.	R. 12 , 183	
3492.	R. 1 , 740.340		3507.	R. 12 , 131.250.	
3493.	R. 35 , 003.400		3508.	R. 19 , 057	
3494.	R. 27 , 175		3509.	R. 11 , 676.800.	
3495.	R. 25 , 625		3510.	R. 20 , 248.750.	
3496.	R. 50 , 242		3511.	R. 11 , 210.625.	
3497.	R. 13 , 771.25		3512.	R. 16 , 411.875.	

3513.	R. 1 , 650.808.	Reste	328.000
3514.	R. 1 , 654.934.	Reste	170.000
3515.	R. 1 , 105.236.	Reste	20.000
3516.	R. 1 , 357.522.	Reste	26.000
3517.	R. 0 , 744.625.		
3518.	R. 1 , 808.046.	Reste	1.500.000
3519.	R. 0 , 989.125.	Reste	750.000
3520.	R. 2 , 742.872.	Reste	200.000
3521.	R. 0 , 773.516.	Reste	580.000
3522.	R. 2 , 513.308.	Reste	192.000
3523.	R. 0 , 577.218.	Reste	25.800
3524.	R. 1 , 181.878.	Reste	65.000
3525.	R. 0 , 442.527.	Reste	215.000
3526.	R. 1 , 138.396.	Reste	180.000
3527.	R. 1 , 189.886.	Reste	6.000
3528.	R. 0 , 900.111.	Reste	76.100
3529.	R. 0 , 875.435.	Reste	490.000
3530.	R. 0 , 893.711.	Reste	64.200
3531.	R. 0 , 996.716.	Reste	116.000
3532.	R. 1 , 215.891.	Reste	76.400
3533.	R. 1 , 927.783.	Reste	165.000
3534.	R. 0 , 967.029.	Reste	109.000
3535.	R. 3 , 091.728.	Reste	24.000
3536.	E. 0 , 212.942.	Reste	492.000
3537.	R. 2 , 056.192.	Reste	17.600
3538.	R. 0 , 953.505.	Reste	37.500
3539.	R. 0 , 755.613.	Reste	51.000
3540.	R. 0 , 281.951.	Reste	505.000
3541.	R. 0 , 739.258.	Reste	358.000
3542.	R. 0 , 818.483.	Reste	762.000

3543	$\dfrac{25}{0,5}$	3558	$\dfrac{123}{1,20}$	3573	$\dfrac{8.945}{76,805}$	3588	$\dfrac{379.745}{395,14}$
3544	$\dfrac{32}{0,4}$	3559	$\dfrac{542}{2,5}$	3574	$\dfrac{9.764}{32,005}$	3589	$\dfrac{924.807}{79,305}$
3545	$\dfrac{60}{0,08}$	3560	$\dfrac{654}{3,20}$	3575	$\dfrac{4.207}{56,405}$	3590	$\dfrac{674.234}{179,45}$
3546	$\dfrac{144}{0,36}$	3561	$\dfrac{375}{4,80}$	3576	$\dfrac{7.304}{23,25}$	3591	$\dfrac{895.476}{547,085}$
3547	$\dfrac{216}{0,03}$	3562	$\dfrac{454}{6,40}$	3577	$\dfrac{4.274}{72,72}$	3592	$\dfrac{945.640}{275,84}$
3548	$\dfrac{525}{0,015}$	3563	$\dfrac{643}{1,60}$	3578	$\dfrac{57.669}{175,25}$	3593	$\dfrac{847.652}{297,45}$
3549	$\dfrac{648}{0,009}$	3564	$\dfrac{576}{7,50}$	3579	$\dfrac{24.374}{75,18}$	3594	$\dfrac{784.635}{417,075}$
3550	$\dfrac{630}{0,007}$	3565	$\dfrac{747}{4,5}$	3580	$\dfrac{57.415}{89,95}$	3595	$\dfrac{843.635}{217,407}$
3551	$\dfrac{672}{0,0012}$	3566	$\dfrac{694}{3,20}$	3581	$\dfrac{74.249}{76,87}$	3596	$\dfrac{254.079}{745,27}$
3552	$\dfrac{28.800}{0,024}$	3567	$\dfrac{747}{4,80}$	3582	$\dfrac{34.276}{59,205}$	3597	$\dfrac{43.824}{217,45}$
3553	$\dfrac{1.280}{0,32}$	3568	$\dfrac{875}{2,5}$	3583	$\dfrac{29.754}{395,125}$	3598	$\dfrac{7.907.005}{4.507,005}$
3554	$\dfrac{10.272}{0,0428}$	3569	$\dfrac{945}{4,5}$	3584	$\dfrac{76.205}{405,25}$	3599	$\dfrac{8.452.907}{304,256}$
3555	$\dfrac{1.010}{0,025}$	3570	$\dfrac{795}{9,60}$	3585	$\dfrac{40.345}{927,75}$	3600	$\dfrac{6.472.084}{397,075}$
3556	$\dfrac{522}{0,016}$	3571	$\dfrac{873}{4,50}$	3586	$\dfrac{73.284}{397,25}$	3601	$\dfrac{4.205.684}{987,675}$
3557	$\dfrac{2.873}{0,25}$	3572	$\dfrac{915}{9,60}$	3587	$\dfrac{47.604}{757,76}$	3602	$\dfrac{7.456.854}{4.761,25}$

3543. R.	50		3558. R.	102 ,	50
3544. R.	80		3559. R.	216 ,	80
3545. R.	750		3560. R.	204 ,	375
3546. R.	400		3561. R.	78 ,	125
3547. R.	7.200		3562. R.	70 ,	937.5
3548. R.	35.000		3563. R.	401 .	875
3549. R.	72.000		3564. R.	76 ,	80
3550. R.	90.000		3565. R.	166	
3551. R.	560.000		3566. R.	216 ,	875
3552. R.	1.200.000		3567. R.	155 ,	625
3553. R.	4.000		3568. R.	350	
3554. R.	240.000		3569. R.	210	
3555. R.	40.400		3570. R.	82 ,	812.5
3556. R.	32.625		3571. R.	194	
3557. R.	11.492		3572. R.	95 ,	312.5

3573.	R.	116 , 463.771.	Reste	68.345
3574.	R.	305 , 077.331.	Reste	21.345
3575.	R.	74 , 585.586.	Reste	21.670
3576.	R.	314 , 150.537.	Reste	1.475
3577.	R.	58 , 773.377.	Reste	2.456
3578.	R.	329 , 067.047.	Reste	1.325
3579.	R.	324 , 208.566.	Reste	812
3580.	R.	638 , 299.055.	Reste	275
3581.	R.	965 , 903.473.	Reste	3.049
3582.	R.	578 , 937.589.	Reste	43.255
3583.	R.	75 , 302.752.	Reste	116.000
3584.	R.	188 , 044.417.	Reste	1.075
3585.	R.	43 , 486.930.	Reste	69.250
3586.	R.	184 , 478.288.	Reste	9.200
3587.	R.	62 , 822.001.	Reste	52.224
3588.	R.	961 , 039.125.	Reste	14.750
3589.	R.	11.661 , 395.876.	Reste	53.820
3590.	R.	3.821 , 105.128.	Reste	16.440
3591.	R.	1.636 , 813.292.	Reste	146.180
3592.	R.	3.428 , 219.257.	Reste	14.912
3593.	R.	2.849 , 729.366.	Reste	8.330
3594.	R.	1.881 , 280.345.	Reste	109.125
3595.	R.	3.880 , 440.832.	Reste	37.376
3596.	R.	340 , 922.081.	Reste	69.313
3597.	R.	201 , 535.985.	Reste	6.175
3598.	R.	1.754 , 381.235.	Reste	1.948.825
3599.	R.	27.782 , 219.578.	Reste	76.032
3600.	R.	16.299 , 399.357.	Reste	319.225
3601.	R.	4.258 , 165.894.	Reste	643.550
3602.	R.	1.566 , 154.686.	Reste	128.250

4*

N°	Division	N°	Division	N°	Division	N°	Division
3603	0,24 / 0,24	3618	0,70 / 0,140	3633	0,0004 / 0,04	3648	0,00015 / 1,15
3604	0,24 / 0,024	3619	0,3954 / 0,25	3634	0,007 / 0,0007	3649	0,025 / 7,009
3605	0,175 / 0,5	3620	0,7155 / 0,5	3635	0,0025 / 0,25	3650	0,723 / 9,3124
3606	0,56 / 0,14	3621	0,795 / 0,25	3636	0,0032 / 0,032	3651	0,5374 / 2,819
3607	0,14 / 0,56	3622	0,738 / 0,018	3637	0,175 / 0,0175	3652	0,7524 / 4,0072
3608	0,16 / 0,4	3623	0,4710 / 0,25	3638	0,0272 / 0,08	3653	9,421 / 9,421
3609	0,5 / 0,25	3624	0,3754 / 0,032	3639	0,0874 / 0,005	3654	7,2465 / 6
3610	0,70 / 0,10	3625	0,3217 / 0,740	3640	0,0075 / 0,12	3655	8,1275 / 0,4
3611	0,12 / 0,60	3626	0,5742 / 0,7526	3641	0,0025 / 0,14	3656	12,171 / 7,11
3612	0,10 / 0,1	3627	0,541 / 0,762	3642	0,80542 / 0,08	3657	70,257 / 7,9
3613	0,315 / 0,015	3628	0,3251 / 0,437	3643	7,4572 / 0,002	3658	34,1605 / 16,7
3614	0,125 / 0,25	3629	0,5655 / 0,756	3644	6,07005 / 0,0003	3659	47,1154 / 9,007
3615	0,54 / 0,75	3630	0,4 / 0,2107	3645	5,2474 / 0,72	3660	16,017 / 8,05
3616	0,475 / 0,25	3631	0,9 / 0,105	3646	4,7054 / 0,805	3661	17,042 / 9,05
3617	0,5406 / 0,30	3632	9,2765 / 0,07	3647	2,0074 / 0,240	3662	69,545 / 11,72

3603. R.	1		3614. R.	0 , 5	
3604. R.	10		3615. R.	0 , 72	
3605. R.	0 , 35		3616. R.	1 , 9	
3606. R.	4		3617. R.	1 , 802.	
3607. R.	0 , 25		3618. R.	5	
3608. R.	0 , 4		3619. R.	1 , 581.600.	
3609. R.	2		3620. R.	1 , 431.	
3610. R.	7		3621. R.	3 , 180.	
3611. R.	0 , 2		3622. R.	41	
3612. R.	1		3623. R.	1 , 884.	
3613. R.	21		3624. R.	11 , 731.25	

3625. R. 0 , 434.729.	Reste	5.400
3626. R. 0 , 762.955.	Reste	670
3627. R. 0 , 709.973.	Reste	574
3628. R. 0 , 743.935.	Reste	4.050
3629. R. 0 , 748.015.	Reste	6.600
3630. R. 1 , 898.433.	Reste	1.669
3631. R. 8 , 571.428.	Reste	60

3632. R. 3 , 95	3636. R.	0 , 1
3633. R. 0 , 01	3637. R.	10
3634. R. 10	3638. R.	0 , 34
3635. R. 0 , 01	3639. R.	17 , 48

3640. R. 0 , 062.5		
3641. R. 0 , 017.857.	Reste	200
3642. R. 10 , 067.750.		
3643. R. 3.728 , 6		
3644. R. 20.233 , 5		
3645. R. 7 , 288.055.	Reste	4.000
3646. R. 5 , 845.217.	Reste	3.150
3647. R. 8 , 364.166.	Reste	1.600
3648. R. 0 , 000.130.	Reste	50.000
3649. R. 0 , 003.566.	Reste	5.906
3650. R. 0 , 077.638.	Reste	38.888
3651. R. 0 , 190.634.	Reste	27.540
3652. R. 0 , 187.762.	Reste	1.136
3653. R. 1.		
3654. R. 1 , 207.750.		
3655. R. 20 , 318.750.		
3656. R. 1 , 711.814.	Reste	2.460
3657. R. 8 , 893.291.	Reste	1.100
3658. R. 2 , 045.538.	Reste	154.000
3659. R. 5 , 230.975.	Reste	81.750
3660. R. 1 , 989.689.	Reste	3.550
3361. R. 1 , 883.093.	Reste	8.350
3662. R. 5 , 933.873.	Reste	8.440

№		№		№		№	
3663	4,62 / 4,2	3678	705,955 / 27,1	3693	54,5 / 7,95	3708	352,1 / 12,812
3664	10,584 / 5,04	3679	199,26 / 49,2	3694	74,25 / 6,375	3709	379,035 / 9,009
3665	28,875 / 8,25	3680	270,502 / 84,4	3695	84,375 / 16,5	3710	555,555 / 17,5
3666	7,035 / 3,5	3681	318,318 / 79,5	3696	90,05 / 22,415	3711	807,4 / 29,05
3667	228 / 9,5	3682	238,085 / 14,005	3697	97,6 / 23,51	3712	957,025 / 17,005
3668	84,941 / 84,1	3683	40,1401 / 4,004	3698	157,050 / 9,1	3713	4.7001,1 / 9,4
3669	190,65 / 46,5	3684	2.190,1 / 9,05	3699	235,01 / 7,823	3714	5.742,02 / 17,87
3670	1011 / 84,25	3685	1.900,38 / 25,005	3700	457,075 / 12,079	3715	6.428,5 / 340,5
3671	299,625 / 42,5	3686	413,292 / 24,24	3701	769,005 / 27,25	3716	7.467,08 / 157,4
3672	218,88 / 34,2	3687	4,284 / 1,05	3702	845,08 / 47,805	3717	8.421,51 / 111,11
3673	262,5 / 17,5	3688	88,407 / 12,54	3703	642,50 / 54,605	3718	6.703,01 / 201,1
3674	220,99 / 24,5	3689	3.575,29 / 76,07	3704	509,74 / 27,56	3719	7.507,4 / 107,6
3675	212,840 / 25,04	3690	34,132 / 4,24	3705	405,7 / 79,27	3720	8.421,55 / 235,07
3676	384,507 / 76,14	3691	388,097 / 9,7	3706	751,076 / 89,88	3721	9.205,04 / 717,004
3677	925,65 / 84,15	3692	845,379 / 7,9	3707	817,405 / 99,99	3722	5.412,02 / 641,07

3663.	R.	1 , 1		3678.	R.	26 , 05
3664.	R.	- 2,		3679.	R.	4 , 05
3665.	R.	3 , 5		3680.	R.	3 , 205
3666.	R.	2 , 01		3681.	R.	4 , 004
3667.	R.	24		3682.	R.	77
3668.	R.	1 , 01		3683.	E.	10 ,02
3669.	R.	4 , 1		3684.	R.	
3670.	R.	12		3685.	R.	76
3671.	R.	7 , 05		3686.	R.	17 , 05
3672.	R.	6 , 4		3687.	R.	4 , 08
3673.	R.	15		3688.	R.	7 , 05
3674.	R.	9 , 02		3689.	R.	47
3675.	R.	8 , 50		3690.	R.	8 , 05
3676.	R.	5 , 05		3691.	R.	40 , 01
3677.	R.	11		3692.	R.	107 , 01

3693.	R.	6 , 855.345.	Reste	725
3694.	R.	11 , 647.058.	Reste	5.250
3695.	R.	5 , 113.636.	Reste	6.000
3696.	R.	4 , 017.399.	Reste	1.415
3697.	R.	4 , 151.424.	Reste	2.176
3698.	R.	17 , 258.241.	Reste	6.900
3699.	R.	30 , 040.905.	Reste	185
3700.	R.	37 , 840.466.	Reste	11.186
3701.	R.	28 , 220.366.	Reste	26.500
3702.	R.	17 , 677.648.	Reste	37.360
3703.	R.	11 , 766.321.	Reste	41.795
3704.	R.	18 , 495.645.	Reste	2.380
3705.	R.	5 , 117.951.	Reste	2.423
3706.	R.	8 , 356.430.	Reste	71.600
3707.	R.	8 , 174.867.	Reste	48.670
3708.	R.	27 , 482.048.	Reste	1.024
3709.	R.	.42 , 072.927.	Reste	657
3710.	R.	31 , 746		
3711.	R.	27 , 793.459.	Reste	1.605
3712.	R.	56 , 279.035.	Reste	9.825
3713.	R.	5.000 , 117.021.	Reste	26
3714.	R.	321 , 321.768.	Reste	584
3715.	R.	18 , 879.588.	Reste	2.860
3716.	R.	47 , 440.152.	Reste	7.520
3717.	R.	75 , 794.347.	Reste	10.483
3718.	R.	33 , 331.725.	Reste	10.250
3719.	R.	69 , 771.375.	Reste	500
3720.	R.	35 , 825.711.	Reste	11.523
3721.	R.	12 , 838.198.	Reste	681.208
3722.	R.	8 , 442.167.	Reste	131

69 DIVISION (Calculez le quotient avec 3 décimales.)

3723	$\dfrac{260.000}{200}$	3738	$\dfrac{317.000}{90.000}$	3753	$\dfrac{54.790.000}{2.400.000}$
3724	$\dfrac{4.750.000}{5.000}$	3739	$\dfrac{7.450.000}{800.000}$	3754	$\dfrac{76.070}{17.000}$
3725	$\dfrac{254.000}{8.000}$	3740	$\dfrac{75.200}{4.000}$	3755	$\dfrac{854.100}{34.000}$
3726	$\dfrac{3.070.000}{9.000}$	3741	$\dfrac{763.000}{5.000}$	3756	$\dfrac{9.765.000}{27.000}$
3727	$\dfrac{82.700.000}{8.000}$	3742	$\dfrac{864.000}{7.000}$	3757	$\dfrac{74.320}{49.000}$
3728	$\dfrac{7.070.000}{45.000}$	3743	$\dfrac{7.432.000}{900}$	3758	$\dfrac{71.700.000}{24.000}$
3729	$\dfrac{8.270.000}{9.800}$	3744	$\dfrac{57.420.000}{800}$	3759	$\dfrac{10.700.000}{70.000}$
3730	$\dfrac{9.470.000}{9.000}$	3745	$\dfrac{14.140}{5.000}$	3760	$\dfrac{9.870.000}{270.000}$
3731	$\dfrac{3.250.000}{67.000}$	3746	$\dfrac{70.070.000}{5.000}$	3761	$\dfrac{37.500.000}{3.400.000}$
3732	$\dfrac{90.400.000}{5.700}$	3747	$\dfrac{5.075.000}{7.000}$	3762	$\dfrac{8.170.000}{7.500}$
3733	$\dfrac{54.500.000}{900}$	3748	$\dfrac{607.500.000}{750.000}$	3763	$\dfrac{90.100.000}{54.000}$
3734	$\dfrac{7.410.000}{2.700}$	3749	$\dfrac{9.407.000}{1.900}$	3764	$\dfrac{215.000}{2.700}$
3735	$\dfrac{45.200.000}{170.000}$	3750	$\dfrac{745.200}{90.000}$	3765	$\dfrac{57.600.000}{74.000}$
3736	$\dfrac{512.000}{640}$	3751	$\dfrac{47.510.000}{27.000}$	3766	$\dfrac{77.600.000}{87.000}$
3737	$\dfrac{71.500.000}{2.400}$	3752	$\dfrac{53.510.000}{45.000}$	3767	$\dfrac{5.740.000}{5.100}$

3723.	R.	1.300		
3724.	R.	950		
2725.	R.	31 , 750.		
3726.	R.	341 , 111.	Reste	1
3727.	R.	10.337 , 500.		
3728.	R.	157 , 111.	Reste	5
3729.	R.	843 , 877.	Reste	54
3730.	R.	1.052 , 222.	Reste	2
731.	R.	48 , 507.	Reste	31
3732.	R.	15.859 , 649.	Reste	7
3733.	R.	60.555 , 555.	Reste	5
3734.	R.	2.744 , 444.	Reste	12
3735.	R.	265 , 882.	Reste	6
3736.	R.	800		
3737.	R.	29.791 , 666.	Reste	76
3738.	R.	3 , 522.	Reste	20
3739.	R.	9 , 312.	Reste	40
3740.	R.	18 , 800.		
3741.	R.	152 , 600.		
3742.	R.	123 , 428.	Reste	4
3743.	R.	8.257 , 777.	Reste	7
3744.	R.	71.775		
3745.	R.	2 , 828.		
3746.	R.	14.014		
3747.	R.	725		
3748.	R.	810		
3749.	R.	4.951 , 052.	Reste	12
3750.	R.	8 , 280.		
3751.	R.	1.759 , 629.	Reste	17
3752.	R.	1.189 , 111.	Reste	5
3753.	R.	22 , 829.	Reste	40
3754.	R.	4 , 474.	Reste	1.200
3755.	R.	25 , 120.	Reste	200
3756.	R.	361 , 666.	Reste	18
3757.	R.	1 , 516.	Reste	3.600
3758.	R.	2.987 , 500.		
3759.	R.	152 , 857.	Reste	1
3760.	R.	36 , 555.	Reste	15
3761.	R.	11 , 029.	Reste	14
3762.	R.	1.089 , 333.	Reste	25
3763.	R.	1.668 , 518.	Reste	28
3764.	R.	79 , 629.	Reste	17
3765.	R.	778 , 378.	Reste	28
3766.	R.	891 , 954.	Reste	2
3767.	R.	1.125 , 490.	Reste	10

№	Division	№	Division	№	Division
3768	4.701.000 / 3.700.000	3783	12.504.000 / 20.700	3798	56.316.000 / 31.500
3769	97.010 / 7.400	3784	775.070.000 / 37.900	3799	7.120.600 / 715.000
3770	542.500 / 450	3785	975.750.000 / 427.000	3800	841.080.000 / 54.000
3771	6.500.000 / 76.000	3786	715.010 / 307.000	3801	9.757.600.000 / 8.040.000
3772	74.210.000 / 2.100	3787	29.402.000 / 50.700	3802	7.157.900.000 / 9.860.000
3773	911.100 / 17.000	3788	3.454.500.000 / 277.000	3803	5.762.070.000 / 427.500
3774	745.100 / 75.000	3789	745.070.000 / 90.400	3804	4.500.600.000 / 20.700
3775	444.100 / 23.000	3790	2.740.700.000 / 3.450.000	3805	827.504.000 / 20.700
3776	740.400 / 47.000	3791	56.472.000 / 7.370.000	3806	4.512.070.000 / 40.500
3777	79.040.000 / 5.500	3792	47.276.000 / 37.600	3807	17.620.500.000 / 476.000
3778	345.300 / 78.000	3793	756.070 / 3.000	3808	742.307.000 / 5.040.000
3779	4.607.000 / 8.400	3794	14.504.000 / 20.100	3809	394.800.000 / 75.000
3780	370.100 / 92.000	3795	751.070.000 / 40.000	3810	5.074.700.000 / 84.300
3781	35.420.000 / 4.700	3796	87.555.000 / 17.500	3811	8.952.750.000 / 742.000
3782	28.410.000 / 5.400	3797	54.307.000 / 27.500	3812	54.202.800.000 / 396.000

3768.	R.	1 , 270.	Reste	2.000
3769.	R.	13 , 109.	Reste	340
3770.	R.	1.205 , 555.	Reste	25
3771.	R.	85 , 526.	Reste	24
3772.	R.	35.338 , 095.	Reste	5
3773.	R.	53 , 594.	Reste	20
3774.	R.	9 , 934.	Reste	500
3775.	R.	19 , 321.	Reste	170
3776.	R.	15 , 753.	Reste	90
3777.	R.	14.370 , 909.	Reste	5
3778.	R.	4 , 426.	Reste	720
3779.	R.	548 , 452.	Reste	32
3780.	R.	4 , 022.	Reste	760
3781.	R.	7.536 , 170.	Reste	10
3782.	R.	5.261 , 111.	Reste	6
3783.	R.	604 , 057.	Reste	201
3784.	R.	20.450 , 395.	Reste	295
3785.	R.	2.285 , 128.	Reste	344
3786.	R.	2 , 329.	Reste	700
3787.	R.	579 , 921.	Reste	53
3788.	R.	12.471 , 119.	Reste	37
3789.	R.	8.241 , 924.	Reste	704
3790.	R.	794 , 405.	Reste	275
3791.	R.	7 , 662.	Reste	3.060
3792.	R.	1.257 , 340.	Reste	160
3793.	R.	252 , 023.	Reste	100
3794.	R.	721 , 592.	Reste	8
3795.	R.	1.854 , 493.	Reste	335
3796.	R.	5.003 , 142.	Reste	150
3797.	R.	1.974 , 800.		
3798.	R.	1.787 , 809.	Reste	165
3799.	R.	9 , 958.	Reste	6.300
3800.	R.	15.575 , 555.	Reste	30
3801.	R.	1.213 , 631.	Reste	676
3802.	R.	725 , 953.	Reste	342
3803.	R.	13.478 , 526.	Reste	1.350
3804.	R.	217.420 , 289.	Reste	177
3805.	R.	39.976 , 038.	Reste	134
3806.	R.	111.409 , 135.	Reste	325
3807.	R.	37.017 , 857.	Reste	68
3808.	R.	147 , 283.	Reste	680
3809.	R.	5.264.		
3810.	R.	60.198 , 102.	Reste	14
3811.	R.	12.065 , 700.	Reste	600
3812.	R.	136.875 , 757.	Reste	228

№	Division	№	Division
3813	$\dfrac{719.854.749.263.476}{7.402.895}$	3828	$\dfrac{794.800.706.854.678}{3.978.459}$
3814	$\dfrac{807.854.456.780.907}{5.498.679}$	3829	$\dfrac{767.804.076.574.654}{49.700.087}$
3815	$\dfrac{607.004.856.470.907}{9.870.061}$	3830	$\dfrac{684.007.985.007.489}{2.917.878}$
3816	$\dfrac{707.695.473.211.850}{4.697.974}$	3831	$\dfrac{840.045.654.874.571}{7.496.874}$
3817	$\dfrac{465.874.035.874.452}{7.408.736}$	3832	$\dfrac{794.807.008.437.804}{3.984.576}$
3818	$\dfrac{941.008.743.257.841}{2.978.456}$	3833	$\dfrac{741.087.650.400.705}{3.789.416}$
3819	$\dfrac{549.607.042.253.950}{8.074.371}$	3834	$\dfrac{694.805.402.014.354}{2.497.857}$
3820	$\dfrac{470.076.854.004.296}{3.976.465}$	3835	$\dfrac{654.087.874.854.847}{7.608.454}$
3821	$\dfrac{907.853.047.269.807}{9.706.854}$	3836	$\dfrac{174.852.097.659.879}{2.987.678}$
3822	$\dfrac{671.049.004.652.070}{4.986.607}$	3837	$\dfrac{740.078.482.749.850}{4.987.674}$
3823	$\dfrac{307.654.874.073.456}{1.986.754}$	3838	$\dfrac{358.450.079.850.453}{1.987.654}$
3824	$\dfrac{984.297.045.007.964}{8.945.685}$	3839	$\dfrac{840.075.462.907.852}{1.984.580}$
3825	$\dfrac{493.813.954.206.407}{2.980.074}$	3840	$\dfrac{345.006.741.851.902}{2.785.421}$
3826	$\dfrac{845.685.470.079.814}{3.985.466}$	3841	$\dfrac{742.845.609.854.254}{4.978.476}$
3827	$\dfrac{674.087.095.472.873}{3.471.954}$	3842	$\dfrac{740.065.832.709.652}{3.945.681}$

3813.	R.	97.239.627.	Reste 743.311
3814.	R.	146.917.915.	Reste 2.846.622
3815.	R.	61.499.605.	Reste 3.645.002
3816.	R.	150.638.439.	Reste 3.389.264
3817.	R.	62.881.716.	Reste 2.803.476
3818.	R.	315.938.440.	Reste 1.009.201
3819.	R.	68.068.093.	Reste 6.109.447
3820.	R.	118.214.759.	Reste 2.357.361
3821.	R.	93.527.011.	Reste 6.436.413
3822.	R.	134.570.260.	Reste 4.144.250
3823.	R.	154.853.028.	Reste 1.282.344
3824.	R.	110.030.371.	Reste 5.608.829
3825.	R.	165.705.265.	Reste 2.316.797
3826.	R.	212.242.549.	Reste 1.786.980
3827.	R.	194.152.081.	Reste 1.236.599
3828.	R.	199.776.020.	Reste 2.101.498
3829.	R.	15.448.747.	Reste 6.633.665
3830.	R.	234.419.665.	Reste 1.736.619
3831.	R.	112.052.790.	Reste 6.896.111
3832.	R.	199.470.911.	Reste 3.769.068
3833.	R.	195.567.773.	Reste 2.310.137
3834.	R.	278.160.600.	Reste 180.154
3835.	R.	85.968.565.	Reste 2.606.337
3836.	R.	58.524.411.	Reste 2.452.221
3837.	R.	148.381.486.	Reste 2.946.286
3838.	R.	180.338.268.	Reste 107.181
3839.	R.	423.303.944.	Reste 1.371.660
3840.	R.	123.861.614.	Reste 1.122.408
3841.	R.	149.211.447.	Reste 2.039.482
3842.	R.	187.563.523.	Reste 3.715.489

N°	Division	N°	Division
3843	$\dfrac{407.671.087.367, 045}{674.095, 5}$	3858	$\dfrac{654.367.843.300, 0075}{740.987, 45}$
3844	$\dfrac{470.842.067.844, 5635}{974.607, 45}$	3859	$\dfrac{684.842.956.907, 8075}{978.456, 45}$
3845	$\dfrac{975.689.874.347, 6095}{987.644, 85}$	3860	$\dfrac{376.456.008.907, 54}{679.080, 095}$
3846	$\dfrac{567.849.376.499, 6054}{987.042, 24}$	3861	$\dfrac{543.067.843.258, 4976}{984.007, 87}$
3847	$\dfrac{456.009.603.456, 0055}{987.009, 075}$	3862	$\dfrac{674.007.845.654, 8065}{976.850, 05}$
3848	$\dfrac{843.021.564.605, 3746}{394.844, 75}$	3863	$\dfrac{427.009.784.205, 0075}{898.654, 85}$
3849	$\dfrac{754.856.307.944, 4256}{896.390, 79}$	3864	$\dfrac{843.097.064.852, 25}{976.407, 8795}$
3850	$\dfrac{875.467.924.887, 4575}{478.987, 742}$	3865	$\dfrac{843.097.064.852, 46}{432.780, 985}$
3851	$\dfrac{179.879.879.604, 4775}{554.845, 684}$	3866	$\dfrac{654.378.905.427, 0075}{542.909, 9876}$
3852	$\dfrac{674.894.854.670, 4507}{940.709, 57}$	3867	$\dfrac{787.894.985.677, 485}{874.094, 2945}$
3853	$\dfrac{896.074.084.674, 0405}{980.749, 07}$	3868	$\dfrac{600.784.986.647, 795}{970.052, 65}$
3854	$\dfrac{787.864.236.904, 85}{476.650, 754}$	3869	$\dfrac{795.607.852.792, 45}{976.907, 675}$
3855	$\dfrac{789.045.036.456, 85}{976.807, 705}$	3870	$\dfrac{432.784.654.207, 405}{476.807, 75}$
3856	$\dfrac{697.905.484.007, 6745}{374.097, 45}$	3871	$\dfrac{674.834.954.267, 6}{899.456, 305}$
3857	$\dfrac{789.607.009.842, 674}{970.884, 5}$	3872	$\dfrac{840.700.064.390, 05}{897.007, 075}$

7861. — Tours, Imp. Mame.

3843.	R.	604.767 , 554.	Reste	669.638.000
3844.	R.	483.109 , 448.	Reste	6.553.759.000
3845.	R.	987.895 , 572.	Reste	1.840.053.000
3846.	R.	575.305 , 041.	Reste	476.735.600
3847.	R.	462.011 , 560.	Reste	9.810.995.000
3848.	R.	2.135.070 , 973.	Reste	389.328.500
3849.	R.	842.106 , 273.	Reste	6.259.999.300
3850.	R.	1.827.745 , 990.	Reste	1.878.029.200
3851.	R.	324.198 , 033.	Reste	2.331.379.280
3852.	R.	717.431 , 687.	Reste	8.883.061.100
3853.	R.	913.662 , 946.	Reste	910.802.800
3854.	R.	1.652.917 , 215.	Reste	75.519.890
3855.	R.	807.779 , 292.	Reste	91.805.140
3856.	R.	1.865.571 , 347.	Reste	3.019.093.500
3857.	R.	813.286 , 245.	Reste	508.971.500
3858.	R.	883.102 , 464.	Reste	4.119.307.000
3859.	R.	699.921 , 756.	Reste	2.542.809.000
3860.	R.	554.361 , 719.	Reste	104.656.695
3861.	R.	551.893 , 800.	Reste	6.542.916.000
3862.	R.	689.980 , 868.	Reste	3.499.631.000
3863.	R.	475.165 , 503.	Reste	3.813.679.500
3864.	R.	863.468 , 108.	Reste	5.040.930.140
3865.	R.	1.948.091 , 746.	Reste	148.210.190
3866.	R.	1.205.317 , 493.	Reste	2.485.124.132
3867.	R.	901.384 , 433.	Reste	4.250.674.815
3868.	R.	619.332 , 349.	Reste	269.620.150
3869.	R.	814.414 , 578.	Reste	912.363.850
3870.	R.	750.268 , 959.	Reste	847.263.505
3871.	R.	905.560 , 585.	Reste	194.571.250
3872.	R.	937.227 , 908.	Reste	26.600.900

Ex. de C.

Tours, imp. MAME.